Deepen Your Mind

序
· · ·

欣聞好友文豪重新開始寫作，說是要把對 AI 和運行維護的了解和實踐沉澱下來，作為這幾年的工作注腳。回想一下，文豪的上一本著作《自動化運行維護軟體設計實戰》已是 2015 年的圖書，距今已 6 年了，按照電腦產業的發展規律，已經算是「老黃曆」了。近幾年雲端運算產業高速發展，新的技術、新的實踐，層出不窮，我也有幸置身其中。

✿ 應用分散式化

隨著 2014 年 10 月 7 日 Pivotal 發佈第一個 Spring Cloud 的版本 1.0.0.M1 以來，憑藉產品的便利性、良好的生態，Spring Cloud 迅速成為微服系統中最具代表性的開發框架，廣大開發者在享受微服務開發所帶來的便利同時，以前維護一個 Tomcat 的事情，現在起碼都是 10 個微服務起步，這也給應用的運行維護引入了更大的複雜性。

✿ Kubernetes 成為應用運行的標準平台

同樣是在 2014 年，Google 將內部 Borg 系統第一次以開放原始碼的方式發佈於 GitHub 之上，並將 Microsoft、Red Hat、IBM、Docker 引入 Kubernetes 社區。某種程度上，Kubernetes 重新定義了作業系統，應用透過 Kubernetes 定義的抽象層，能夠享受傳統架構下難以實現的自動資源排程、自動修復、水平伸縮容等能力，並提升了應用發佈的品質，這是當年傳統運行維護難以想像的，但是如何用好相關的能力，對運行維護工程師來說也是一個新的挑戰。

✿ 傳統監控升級提高了可觀察性

幾年前，我們手中的監控武器除了 Zabbix，還有一個不太成熟的 ELK，而現在，我們擁有 Prometheus、ELK Stack、SkyWalking、Zipkin、Grafana 等一系列工具。而且，我們已經看到了 OpenTelemetry 嘗試從規範層面完成 Metric、Log、Trace 的大一統，困擾傳統運行維護多年、多種運行維護資料難以連結的問題，即將得到解決。

✿ AI 從「陽春白雪」變得觸手可及

大部分的情況下，常見的 AI 技術針對的領域是視覺辨識、NLP 等，如何將 AI 技術應用到運行維護領域，還是一個非常值得探索的問題。看到了文豪新書的初稿，感覺本書來的正是時候，極佳地表現了這幾年運行維護的基礎架構的技術發展，同時具備很強的動手指導性，能夠幫助讀者在實踐的過程中，對相關的技術加深瞭解，為更深入地鑽研相關技術打下基礎。

期待文豪的新作能幫助大家走入雲端原生下的智慧運行維護新時代。

陳自欣 運行維護產品專家
曾在 AIOps 領域創業，
目前就職於某領先網際網路公司，
從事針對金融產業的分散式、
雲端原生等產品的商業化產品經理工作。

專家推薦

近 20 年來，IT 運行維護方式經歷了從人工運行維護向工具運行維護和 IT 服務管理的發展，再向以雲端管理為代表的自動化運行維護及正在爆發的智慧化運行維護方向演進。本書兩位作者分別是紅帽自動化運行維護領域的資深專家和 AIOps 智慧運行維護領域的產品研發專家，具有深厚的技術功力和豐富的產業落地實踐經驗。本書全面系統地對自動化和智慧化運行維護方法進行了講解，特別是展現了具體的操作實現方式，相信對讀者具有很大啟發和幫助，幫助運行維護人走向 noOps 之終極目標。

—— **田浩**，IBM 全球服務部進階服務經理，
中國移動自動化智慧化運行維護能力成熟度模型設計顧問

IT 運行維護從集中化走向自動化、智慧化，是運行維護工作發展的必然，同時也要求運行維護工作者掌握相適應的運行維護技術和工具。作者在書中演示了利用 Docker 和 Kubernetes 技術架設 Ansible 試驗環境的全過程，並深入淺出地介紹了自動化運行維護和智慧運行維護技術和工具，讓讀者可以透過實驗操作更進一步地學習、掌握運行維護理論和技術，是相關專業學生和運行維護工作者不可多得的指導圖書。

—— **曾波**，網思科技副總裁兼數智化服務部總經理

資料中心近幾年的基礎架構發生了巨大的改變，從傳統的 IOE 逐漸演進到靈活多變的混合雲端環境，這給 IT 運行維護工作帶來了全新的挑戰。本書的兩位作者基於豐富的實戰經驗，深入淺出地講解了如何高效迅速地實現運行維護的自動化和智慧化部署，是運行維護技術人員不可多得的參考指南。

—— **熊志堅**，網思科技進階副總裁（前 IBM 中國華南區資訊系統服務部總經理）

資訊系統面臨的運行維護挑戰巨大。AIOps 系統概念從最初的 IOTA（IT Operations Analytics）升級為 AIOps（Algorithmic IT Operations），再發展到如今熱門的 Artificial Intelligence for IT Operations，智慧化運行維護是 IT 營運的未來。本書立足於實際的 IT 營運專案實踐，採用主流的開放原始碼運行維護工具，如 Kubernetes、Docker、Ansible，架設自動化運行維護的實驗場景。然後對 AIOps 工具套件進行分類詳盡的操作説明和配圖展示，深入淺出地展示 AIOps 工具套件與 AI 平台結合應用的落地實踐。相信用心的讀者，可以從中深入了解智慧化運行維護領域的知識、技術和工具，完善自身的知識技能。

—— **胡大裟**，四川大學電腦科學博士，美國休斯頓大學訪問學者隨著軟體架構複雜性的不斷提升，運行維護的理念和技術手段也在不停地演進與發展，從早期的「人肉」運行維護，到今天大行其道的自動化運行維護，再到日漸完整的 AIOps，本書作者有幸經歷了整個發展歷程，由此累積了大量的第一線實戰經驗。如果你計畫在 Kubernetes 環境下基於 Ansible 來學習自動化運行維護的實戰知識，同時又想比較深入地瞭解 AIOps 的原理和實踐，那麼本書會是你的不二選擇。

── **茹炳晟**，騰訊技術工程事業群基礎架構部首席研發效能架構師，
T4 級專家，騰訊研究院 特約研究員

本書從當下運行維護的痛點入手，透過結合流行的容器平台極佳地展示了在容器雲的環境下如何使用 Ansible、AI 技術及其他社區項目來實現 AIOps，從而給廣大 IT 運行維護團隊提供了一個很好的邁向 AIOps 的想法，非常值得閱讀。

── **張亞光**，紅帽軟體中國區解決方案部門架構師經理

前言
· · · · · ·

技術的更新迭代速度總是非常快，多年前容器化技術還沒有被廣泛地使用，智慧化運行維護的概念也還沒有在運行維護圈流行起來。經過近幾年的技術變遷，微服務、雲端原生、智慧化運行維護等非常多的新技術和新概念陸續出現，並且獲得了廣泛應用。

新技術的出現，提升了運行維護工程師的工作效率。比如，在容器化技術出現之前，應用最終部署環境與測試開發環境的一致性問題是讓運行維護工程師在完成應用部署時非常頭疼的問題之一。在容器化技術出現之後，應用最終部署環境與測試開發環境的一致性問題被容器化技術完美解決了，運行維護工程師再也不需要為其擔心了，而且由於使用了容器化技術，也提升了應用部署的效率。但是，事物往往存在兩面性，新技術的出現雖然解決了不少問題，但也帶來了新的問題。舉例來說，容器化部署被廣泛使用之後，容器的數量呈爆炸性增長，容器間呼叫的複雜性相較於傳統部署模式的複雜性也數倍增加。因此，運行維護工程師需要為手中的運行維護工具箱增加一些更強勁的自動化運行維護和智慧化運行維護工具，來應對新的技術浪潮。

開放原始碼社區中有非常多的運行維護工具套件，所實現的功能及達到的效果參差不齊，本書選擇了一些「開箱即用」並且效果不俗的開放原始碼工具套件分享給讀者。

本書章節內容如下。

第 1 章：
回顧自動化運行維護技術，介紹自動化運行維護過程中面臨的問題，並
且對自動化運行維護的後續發展進行展望，幫助讀者快速了解自動化運
行維護領域需要解決的問題及未來的發展方向。

第 2 章：
容器化技術被廣泛應用之後，Kubernetes 技術的出現將容器化技術的普
及推向了一個新的高度。本章主要介紹如何快速架設 Kubernetes 實驗環
境，幫助讀者快速掌握 Kubernetes 和 Docker 相關技術，為讀者能夠快速
體驗本書介紹的運行維護工具套件提供了一套簡單好用的實驗環境。

第 3 ～ 4 章：
透過介紹 Ansible 的使用，以及採用 Ansible 實現自動化運行維護的典型
案例，幫助讀者掌握如何使用 Ansible 這款開放原始碼的自動化運行維護
利器來完成日常運行維護工作。

第 5 ～ 7 章：
對智慧化運行維護的發展歷程進行了簡單的回顧，並提供了對讀者比較
有幫助的 AIOps 工具套件，以及介紹如何使用 Kubernetes 技術來架設一
個能夠讓 AIOps 技術快速落地的 AI 平台。

✿ 致謝

本書參考了大量的網路資料，這些資料來自 GitHub、Stack Overflow、知乎等，在此向這些促進知識傳播的網路平台致以誠摯的敬意。

特別感謝我就職的網思科技股份有限公司，公司良好的技術氣氛、快速成長的業務，讓我有機會帶領團隊研發公司的主力產品 AlphaMind AI 能力開放平台，這為本書的寫作提供了非常好的外部環境。

感謝我的父母和妻子，以及我的女兒，你們在本書的寫作過程中給予了我最大的支持。

最後，感謝各位讀者朋友。

吳文豪

目錄

> **03　集中化運行維護利器──Ansible**

04 自動化運行維護

05 AIOps 概述

06 AIOps 工具套件

❯ 07 加速 AIOps 實作——AI 平台

自動化運行維護的常見
問題與發展趨勢

1.1 運行維護過程中的常見問題

1.1.1 裝置數量多

在虛擬化技術發展起來之前，企業普遍是把單一應用部署在一台或多台伺服器上進行 IT 建設的。隨著公司內部的 IT 系統逐漸增加，運行維護工程師需要運行維護的伺服器數量也隨之增加。公司業務剛起步的時候，運行維護工程師可能只需要運行維護少量的伺服器和業務系統，隨著公司業務的發展，運行維護工程師需要運行維護的伺服器和業務系統的數量往往會成倍增加。日常運行維護中有非常多重複性的工作，舉例來説，為作業系統系統更新，對中介軟體、資料庫等應用進行升級，純手工的運行維護操作使得運行維護的效率非常低，也很容易因為非標準化的運行維護操作導致運行維護事故。

有人可能會問，為什麼不把多個業務系統部署在一台伺服器上呢？這樣一方面可以減少由於伺服器數量的增加而給運行維護工作帶來的壓力，另一方面可以為企業節省成本，關於這個問題，我們可以從以下幾個角度進行分析。

首先，為了發揮各家供應商的長處，同時避免被某個軟體廠商壟斷了企業的業務系統，一般情況下企業的業務系統都會交給不同的軟體廠商進行開發。既然是不同的軟體廠商，那麼當多個業務系統被部署到一起的時候，很容易出現這樣一個場景：A 公司和 B 公司的系統部署在同一台伺服器上，A 公司於本週五增加了一個新功能，週末的時候出現了作業系統的 I/O 負載很高的情況，導致該伺服器上的業務系統都出現了反應遲鈍的現象。於是 B 公司的開發人員就開始抱怨 A 公司的新功能導致作業系統負載高，影響了他們系統業務的正常運行。A 公司的開發人員也回應道，他們的功能絕對沒有問題，是 B 公司的系統週末出賬太多才導致系統緩慢的，於是一場糾纏大戰就這樣開始了。

其次，從保證業務系統的可用性來看，不同的業務系統之間需要在作業系統層進行隔離。否則一旦作業系統出現問題，部署在作業系統上的所有業務系統都會出現故障，這肯定是達不到企業在業務系統可用性方面的要求的。而且，多套業務系統部署在一台伺服器上，也會為性能最佳化、故障排除等後續處理帶來許多干擾。

1.1.2 系統異質性大

給運行維護工程師帶來困擾的第二個問題就是業務系統的異質性。

由於業務系統是由不同軟體廠商開發的，不同軟體廠商內部的技術堆疊會有差異，所以很容易出現 A 軟體廠商開發的業務系統需要運行在 Red Hat 上，Web 伺服器需要使用 Tomcat，資料庫需要使用 MySQL，而 B 軟體廠商開發的業務系統需要用 Windows Server 來承載，Web 伺服器用的是 IIS、資料庫用的是 SQL Server 的情況。

這時運行維護工程師就傻眼了，這怎麼運行維護？系統出故障之後還得考慮究竟是用 SSH 去維護還是用遠端桌面去維護。公司規定每月要有一次正常性的伺服器重新啟動，究竟哪個 IP 位址的伺服器要用 SSH 去重新啟動，哪個 IP 位址的伺服器需要用遠端桌面去重新啟動？

1.1.3 雲端運算技術成熟後帶來更大的困難

可能有一些運行維護工程師透過自己多年累積下的指令稿戰勝了系統異質性所帶來的挑戰，本以為可以歇一歇了，沒想到近年來，隨著雲端運算技術的日漸成熟，新的挑戰來了。

以前企業的裝置數量雖然會增長，但是畢竟需要經過一個漫長的企業內部流程才能完成裝置的採購和上線。隨著虛擬化技術的成熟，企業的 IT 建設再也不需要像以前一樣，上線一個新的業務系統就得經歷一個漫長的採購流程了，也不需要再費心思找機房放伺服器了。IT 管理人員只需要申請一台虛擬機器或一個容器，然後在 CMDB 裡面填一下這台虛擬機器或這個容器的資訊就可以了。

說明

CMDB（Configuration Management Database，設定管理資料庫）用於儲存與管理企業 IT 架構中裝置的各種設定資訊，它與所有服務支援和服務發表流程緊密相連，支援這些流程的運轉、發揮設定資訊的價值，同時依賴於相關流程保證資料的準確性。

在這個雲端運算技術普及的年代，IT 建設的成本在不斷降低，IT 建設的速度也在不斷提升，需要運行維護的裝置數量從原來的幾百台增加到幾千台甚至上萬台，而且很有可能這些也僅是這家企業的部門的裝置數而已，這給運行維護工程師帶來了更大的挑戰。

1.1.4 資訊安全要求帶來的挑戰

隨著近年來國家層面對資訊系統安全性的重視，企業也越來越意識到資訊系統安全的重要性，這就需要運行維護工程師配合企業不斷變化的安全稽核工作，高頻次地更新作業系統、應用系統的安全更新，以及對應用系統進行多個層面的安全加固操作，傳統的手工運行維護操作已經越來越難以應對了。如何在安全整改的過程中降低原始手工操作帶來的各種不可控風險，保證變更過程中的系統一致性，成為運行維護工作的重點。

1.2 自動化運行維護主流工具

當伺服器數量越來越多、伺服器和業務系統的異質性越來越大的時候，有沒有一種更加高效的方式來管理這些伺服器呢？從豎井式 IT 建設到層次性 IT 建設的過程中，對運行維護工程師來說，最大的問題是裝置數量的爆炸性增長，原有靠堆人力或累積指令稿的做法已經顯得不可行了。這時我們就需要思考這樣一個問題，能不能有一個既可以不增加太多的人力成本，又可以可靠地批次完成集中化運行維護任務的方法呢？

在裝置的架構比較一致的情況下，實現集中化運行維護並不是什麼難事。對 Windows 系統的裝置，假如我們需要對它們進行集中化的重新啟動，就可以採用 PowerShell 的方式對裝置進行集中化的操作。舉例來說，當需要對伺服器進行重新啟動的時候，可以透過 PowerShell 呼叫 WMI 的 API 來完成這個操作，而像一些 msi 程式的發佈和安裝，則可以透過 AD 網域控制器的方式去完成，整體來說還是挺方便的。

在 Linux 和 UNIX 作業系統下，我們可以透過 SSH+Expect 的方式或雙機互信後採用 SSH 的方式完成集中化的運行維護，難度也不大。

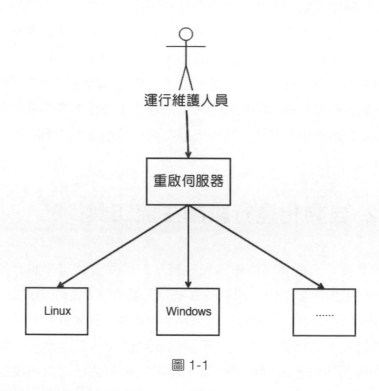

圖 1-1

但是，由於不同業務系統對可用性和堅固的要求不一樣，通常會出現既有 Windows 系統的伺服器，又有 Linux 和 UNIX 系統的伺服器的場景。而這種作業系統的多樣性，也給集中化的運行維護帶來了不少麻煩。無論是 AD 網域控制器 +WMI 還是 SSH 的方式，都只是解決了一類伺服器運行維護的問題。試想一下，現在需要對運行維護的所有伺服器進行正常的集中化重新啟動操作，我們還得先去看一下究竟哪些伺服器是 Windows 作業系統，哪些伺服器是 Linux 作業系統，再去做對應的操作。這種費時費力的操作方式並不是我們想要的，我們更希望有一個統一的入口，透過這個入口提供的對外封裝好的一些介面對異質的伺服器做集中化運行維護，如圖 1-1 所示。

隨著開放原始碼軟體的不斷發展，現在已經有許多不錯的開放原始碼軟體可供選擇了，可以透過較低的成本實現集中化運行維護的目標。目前較為主流的開放原始碼集中化運行維護軟體是 Ansible 和 SaltStack。

1.2.1　SaltStack

SaltStack 是一個用 Python 開發的集中化運行維護軟體，它可以簡化運行維護工程師對伺服器的批次運行維護操作。SaltStack 內建了許多現成可用的模組，包括安裝軟體、設定參數、啟停服務等功能。

SaltStack 支援的作業系統種類也十分豐富，它支持 Linux、UNIX、Solaris、Windows 等多種作業系統。

在軟體的設計上，它支援 Master 主動推送設定和 Minion 定時拉取設定的方式，這一點與 Puppet 是十分類似的。同時，它還支援遠端命令的並存執行，附帶了許多日常執行模組，所以我們可以把 SaltStack 看作 Ansible 和 Puppet 的混合版本。SaltStack 還支援 SaltSSH 的方式，可以讓我們無須使用 Agent 就能夠對伺服器輕易地進行批次操作。當我們希望 SaltStack 能夠具備更好的擴充性，以及更進一步地使用 SaltStack 本身提供的模組時，我們可以在客戶端裝置上安裝 Salt Minion 來進行伺服器的集中化運行維護。

1.2.2 Ansible

Ansible 是一個用 Python 設計的無 Agent 模式集中化運行維護工具。以 SSH 的方式為主,支援多種遠端連接的方式對伺服器進行集中化運行維護。也就是說,伺服器上是不需要安裝任何 Agent 端的;而針對 Windows 系統的伺服器,可以使用 WRM(Windows Remote Management)實現無 Agent 模式管理。它與 SaltStack 非常類似,都是一種命令式的集中化運行維護工具。

雖然不需要安裝任何 Agent 就可以使用,但是 Ansible 對被操作的伺服器還是有一定要求的。舉例來說,在呼叫一些模組的時候會提示客戶端裝置需要安裝某個 Python 的擴充套件。對 Windows 系統的伺服器來說,安裝 PowerShell 3.0 或以上版本才可以讓 Ansible 正常地運轉。當然,Ansible 在 Windows 上需要將 PowerShell 作為任務執行的解譯器。另外,Ansible 還可以透過對 VMWare、Docker、Kubernetes 等雲端產品的 API 支援實現對雲端主機的無 Agent 模式的支援。這樣的做法也為我們提供了不少便利。

因此,本書後續部分主要基於 Ansible 講解自動化運行維護的部分場景。

> 1.3 自動化運行維護

有了像 Puppet、Ansible 和 SaltStack 這樣的工具,我們可以輕鬆地實現集中化運行維護了,一些集中化的部署、重新啟動的操作都可以輕易完成,但是運行維護卻還沒有達到自動化的水準。舉例來說,我們現在維護了 200 台裝置，A 伺服器上運行了一個業務系統，由於程式設計的原因，總是會不定期地出現應用伺服器崩潰的問題，但是開發廠商由於技術問題一時解決不了，這時運行維護工程師就只能盯著自己的手機簡訊，一旦出現業務系統故障了，就得熟練地打開終端工具登入伺服器，再熟練地輸入 restart 命令。幾天後，業務系統 B 無法上傳檔案了，運行維護工程師再次熟練地登入那台伺服器，發現本來就不大的磁碟被系統寫入記錄檔給寫滿了，於是運行維護工程師又熟練地輸入 rm 命令刪掉一些記錄檔。一段時間後，又有使用者申告故障……

運行維護工程師雖然有那麼多集中化運行維護工具可以選擇，但是卻沒有一款能幫助他們減輕負擔。因為這些故障往往是非集中化的操作，解決的方法都是靠運行維護工程師在日常運行維護的過程中累積下來的特定的經驗，所以在這種情況下，無論使用哪一種集中化運行維護工具，和直接透過 SSH 或遠端桌面去操作其實沒有多大的區別。問題出現一兩次，我們可以登入出現故障的伺服器進行處理，但是次數多了呢？難道我們就只有在每次故障出現之後重複做這些運行維護操作嗎？

這時我們就需要把運行維護從集中化提升到自動化的水準了，而運行維護自動化，是一個對單點發生的故障運行維護知識沉澱的過程。

為什麼說是單點發生？假如是多點發生並且重複的故障，我們透過集中化運行維護工具就可以極佳地解決問題，但是面對單點發生的故障，集中化運行維護工具並不能產生很好的效果。

為什麼說是知識的沉澱？假設出現伺服器磁碟寫滿導致業務系統無法上傳檔案的故障，在排除後已經把問題鎖定清楚並且有解決方法了。對運行維護工程師來說，這個過程就是一個經驗沉澱的過程，處理故障後可以把這個處理過程中的經驗知識累積下來，尋找一些方法使這個過程自動化。

對於這種由監控所驅動的自動化運行維護，一般由四個步驟組成，分別是了解、決策、執行，以及記錄與回饋，如圖 1-2 所示。

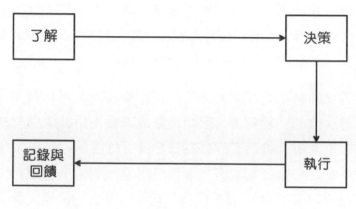

圖 1-2

第一步是要對伺服器、業務等我們所關注的物件進行監控。我們可以把監控看作一個了解資訊的過程，只有當我們了解了實際情況之後，才能進行後續的操作。

第二步是決策，決策這個程序定義了在什麼情況下我們應該執行什麼操作的規則。舉例來說，哪些伺服器磁碟滿了需要做刪除記錄檔的操作，哪些伺服器磁碟滿了需要做歸檔記錄檔的操作，這些都是需要在決策過程中定義的。

第三步是執行，我們根據之前的規則做出對應的決策之後，就可以執行對應的運行維護操作了。在這個過程中我們需要關注的是如何隱藏異質的作業系統帶來的不便,也就是如何讓異質作業系統的差異對執行的動作來說是透明的。

最後一步是記錄和回饋,在完成具體的維護操作之後,我們需要有一套記錄的機制,用於記錄在什麼時候做出了哪些運行維護操作,並且透過簡訊、郵件等方式給運行維護工程師發出通知,讓運行維護工程師知道系統究竟執行了哪些運行維護操作,結果是什麼。

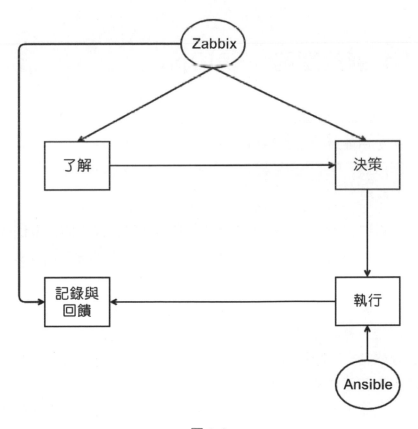

圖 1-3

對了解、決策、記錄和回饋這幾個過程來說，目前開放原始碼軟體中做得最好的就是 Zabbix 了，它具有豐富的警報策略、多種裝置監控、強大的動作管理的功能，並且還具備了十分強大的擴充能力。而對執行這個動作，可以讓 Zabbix 與 Ansible 進行聯動，當達到某個條件的時候根據規則觸發對應的自動化運行維護指令稿，從而達到自動化運行維護的效果。整體來說，透過監控系統和集中化運行維護工具的組合，能夠將運行維護從批次化轉為自動化，如圖 1-3 所示。

1.4 新的趨勢——AIOps

AIOps（Artificial Intelligence for IT Operations，智慧化運行維護）是將人工智慧應用於運行維護領域，基於已有的運行維護資料（日誌、監控資訊、應用資訊等），透過人工智慧的方式進一步解決自動化運行維護無法解決的問題。

隨著人工智慧技術的扁平化，深度學習和機器學習技術的普及給原來自動化運行維護中無法實現的分析和預測功能提供了實現的可能。2016 年 Gartner 提出了 AIOps 的概念，自動化運行維護被納入 AIOps 的專家系統子集。AIOps 不依賴於人為指定規則，主張由人工智慧演算法自動地從巨量運行維護資料（包括事件本身及運行維護工程師的人工處理日誌）中不斷地學習，不斷地提煉並複習規則，從而為運行維護工作增加了一個基於人工智慧技術的大腦，指揮檢測系統擷取大腦決策所需的資料，在此基礎上做出分析、預測，並指揮自動化運行維護系統去執行決策，從而實現運行維護系統的整體目標。

AIOps 是企業級 DevOps 在運行維護側的高階實現，是運行維護工作發展的必然趨勢，是自動化運行維護的下一個發展階段。

＞ 1.5 小結

沒有一個非常好的定義能說明什麼樣的運行維護程度才能算得上自動化運行維護，有時我們認為能夠批次地操作伺服器就算自動化運行維護，能夠定期出具巡檢報告就算自動化運行維護，或能夠根據監控觸發某些指定的操作就算自動化運行維護。筆者認為這些都沒錯，其實一切能讓我們把人工的運行維護操作交給電腦完成的運行維護工具，都算得上自動化運行維護工具。不同的人對同一件事情會有相距甚遠的看法，主要是因為各自接觸的業務領域不同罷了。

使用 Kubernetes 快速
架設實驗環境

為了更進一步地學習自動化運行維護及智慧化運行維護工具,架設一套實驗環境是非常有必要的。本章介紹如何使用 Docker 和 Kubernetes 快速地架設一套可重用的實驗環境,並且會基於 Kubernetes 架設:

- Ansible 實驗環境。

- Prometheus Stack:用於擷取基礎監控指標,可作為智慧化運行維護章節監控指標的資料來源。

- Loki:用於擷取日誌資料,可作為智慧化運行維護章節日誌的資料來源。

在容器化技術出現之前,一般採用在 VMWare 或 KVM 中安裝虛擬機器的方式架設實驗環境,創建虛擬機器後,透過虛擬機器的連結複製、快照等技術幫助我們快速地重置實驗環境,從而達到進行可重試的實驗的目的。

近些年,容器化技術日漸成熟,利用容器化技術架設實驗環境也是一個不錯的選擇。利用容器化技術,運行維護工程師能夠更加快速地架設實驗環境,並且以更少的資源啟動更多的模擬環境。利用容器化技術架設實驗環境有以下優點:

(1)更高的實驗環境架設效率:
在容器化環境下,可以利用 Dockerfile 對實驗容器進行訂製和管理,利用 Docker-Compose 或 Kubernetes 技術進行實驗環境的編排,快速完成基礎實驗環境的部署,在有限的資源下更加真實地模擬實驗環境。映像檔訂製完成後,可以直接啟動,需要重新進行實驗的時候,可以對容器進行重新啟動,新啟動的容器實例會以訂製映像檔時的狀態被啟動,提高了實驗環境架設的效率。

（2）更多的實驗環境：

直接在虛擬機器層面進行實驗，每多一個新的實驗環境，我們都需要開通新的虛擬機器，但是利用容器化技術，我們只需要開通一個新的容器實例。相比虛擬機器，容器顯得更加輕量、高效，資源的佔用率也更少。利用容器化技術，即使一台普通的筆記型電腦，也能夠模擬比使用虛擬機器更多的裝置，讓我們獲得更好的實驗體驗。

虛擬機器和容器的特性比較如表 2-1 所示。

表 2-1

特性	虛擬機器	容器
啟動時間	分鐘級	秒級
硬碟使用	一般為 GB 級	一般為 MB 級
性能	弱於原生	接近原生
系統支援量	數十個單機	上千個單機
隔離等級	作業系統級	處理程序級
隔離策略	Hypervisor	CGroups

⟩ 2.1 Docker

2.1.1 使用 Docker 架設實驗環境的優點

Docker 是一個讓應用軟體能夠更加容易地被部署和運行的工具。透過 Docker，我們可以將軟體和軟體所需要的其他依賴打包在一起作為一個整體進行部署。利用容器化技術，我們不再需要擔心軟體所運行的環境和開發環境不一致的問題。對實驗環境來說，也是非常有幫助的，我們既可以更加便捷地分享自己的實驗環境，也可以直接匯入別人架設好的實驗環境，節省架設實驗環境的時間。

Docker 在某種程度上和虛擬機器有點像，但它和虛擬機器有非常多的不和，最主要的差別是 Docker 無須創建整個虛擬機器，這個特性使得容器的大小遠比虛擬機器的大小要小，而且對資源的消耗也遠比虛擬機器要少。在這一點上，Docker 非常適合作為實驗環境，我們能在一台普通的筆記型電腦上啟動的容器數量遠大於其能夠創建的虛擬機器數量。

Docker 的另外一個特性也使得 Docker 非常適用於架設實驗環境，每個 Docker 容器擁有與其他容器隔離的網路、磁碟、運算資源，看起來就像一台完備的虛擬機器，並且在重新啟動容器後，能夠回覆到最初訂製的狀態。這個特性使得我們無須擔心實驗環境由於操作不當而損壞，可以大膽地進行各種實驗操作。

2.1.2 安裝 Docker

1. 以 root 使用者安裝 Docker

前提：讀者已經準備好了實驗用的 CentOS 7 作業系統。

編輯 /etc/selinux/config 檔案，關閉作業系統中的 SELinux。

```
SELINUX=disabled
```

同時在命令列中執行臨時關閉 SELinux 的命令：

```
setenforce 0
```

操作完畢後，下載 Docker 二進位檔案，並解壓到 /usr/local/bin 目錄下：

```
tar -xvf ./docker-19.03.9.tgz
cp -Rf ./docker/* /usr/local/bin/
mkdir /etc/docker
```

解壓完畢後，對 Docker 進行必要的設定，創建並編輯 /etc/docker/daemon.
json 檔案，加入以下設定：

```
{
  "max-concurrent-downloads": 10,
  "log-driver": "json-file",
  "log-level": "warn",
  "log-opts": {
    "max-size": "10m",
    "max-file": "3"
  },
  "data-root": "/home/docker"
}
```

加入以上設定後，就可以透過 dockerd 命令啟動 Docker 了：

```
dockerd
```

直接透過命令列啟動 Docker 並不便於應用的管理。接下來，我們把
Docker 交給 systemd 進行管理：

```
cd /usr/lib/systemd/system
vi docker.service
```

systemd 是一個系統管理守護處理程序、工具和函數庫的集合，用於取
代 system V 初始處理程序。systemd 的功能是集中管理和設定類 UNIX
系統。

在 docker.service 中加入以下設定：

```
[Unit]
Description=Docker Application Container Engine
After=network-online.target firewalld.service
Wants=network-online.target

[Service]
Type=notify
ExecStart=/usr/local/bin/dockerd
ExecReload=/bin/kill -s HUP $MAINPID
LimitNOFILE=infinity
LimitNPROC=infinity
LimitCORE=infinity
TimeoutStartSec=0
Delegate=yes
```

```
KillMode=process
Restart=on-failure
StartLimitBurst=3
StartLimitInterval=60s

[Install]
WantedBy=multi-user.target
```

檢查 Docker 的狀態：

```
systemctl daemon-reload
systemctl status docker
```

```
● docker.service   Docker Application Container Engine
   Loaded: loaded (/usr/lib/systemd/system/docker.service; disabled; vendor preset: disabled
)
   Active: inactive (dead)
     Docs: https://docs.docker.com
1月 31 19:45:22 localhost.localdomain systemd[1]: Starting Docker Application Containe.....
1月 31 19:45:22 localhost.localdomain dockerd[10649]: time="2021-01-31T19:45:22.6068428..."
1月 31 19:45:22 localhost.localdomain dockerd[10649]: time="2021-01-31T19:45:22.6352775..."
1月 31 19:45:22 localhost.localdomain dockerd[10649]: time="2021-01-31T19:45:22.6400520..."
1月 31 19:45:22 localhost.localdomain dockerd[10649]: time="2021-01-31T19:45:22.6405675..."
1月 31 19:45:22 localhost.localdomain dockerd[10649]: time="2021-01-31T19:45:22.6405916..."
1月 31 19:45:22 localhost.localdomain dockerd[10649]: time="2021-01-31T19:45:22.6406039..."
1月 31 19:45:23 localhost.localdomain systemd[1]: Started Docker Application Container...e.
1月 31 19:49:00 localhost.localdomain systemd[1]: Stopping Docker Application Containe.....
1月 31 19:49:01 localhost.localdomain systemd[1]: Stopped Docker Application Container...e.
Hint: Some lines were ellipsized, use -l to show in full.
```

此時，Docker 服務已經被 systemd 管理了，但狀態是未啟動。接下來啟動 Docker：

```
systemctl start docker
systemctl enable docker
```

```
[root@localhost ~]# systemctl enable docker
Created symlink from /etc/systemd/system/multi-user.target.wants/docker.service to /usr/lib/
systemd/system/docker.service.
```

此時，Docker 已經啟動，並且加入了開機啟動項，再次查看 Docker 的當前狀態：

```
systemctl status docker
```

```
● docker.service - Docker Application Container Engine
   Loaded: loaded (/usr/lib/systemd/system/docker.service; enabled; vendor preset: disabled)
   Active: active (running) since 日 2021-01-31 19:45:23 CST; 3min 3s ago
     Docs: https://docs.docker.com
 Main PID: 10649 (dockerd)
    Tasks: 45
   Memory: 275.2M
   CGroup: /system.slice/docker.service
           ├─10649 /usr/local/bin/dockerd
           └─10660 containerd --config /var/run/docker/containerd/containerd.toml --log-l...

1月 31 19:45:22 localhost.localdomain systemd[1]: Starting Docker Application Containe.....
1月 31 19:45:22 localhost.localdomain dockerd[10649]: time="2021-01-31T19:45:22.6068428..."
1月 31 19:45:22 localhost.localdomain dockerd[10649]: time="2021-01-31T19:45:22.6352775..."
1月 31 19:45:22 localhost.localdomain dockerd[10649]: time="2021-01-31T19:45:22.6400520..."
1月 31 19:45:22 localhost.localdomain dockerd[10649]: time="2021-01-31T19:45:22.6405675..."
1月 31 19:45:22 localhost.localdomain dockerd[10649]: time="2021-01-31T19:45:22.6405916..."
1月 31 19:45:22 localhost.localdomain dockerd[10649]: time="2021-01-31T19:45:22.6406039..."
1月 31 19:45:23 localhost.localdomain systemd[1]: Started Docker Application Container...e.
Hint: Some lines were ellipsized, use -l to show in full.
```

此時 Docker 已經啟動並且能夠被正常使用了。

2. 非 root 帳戶使用 Docker 命令

安裝 Docker 後，預設只允許 root 帳戶執行相關的操作，為了讓其他使用者能夠使用 Docker 命令操作 Docker，我們需要新增一個 Docker 使用者群組，並將使用者加入 Docker 使用者群組，使普通使用者也能執行 Docker 相關命令。

```
groupadd docker
useradd alphamind
usermod -G docker alphamind
```

執行上述命令後，我們創建了一個名為 alphamind 的使用者，並將 alphamind 使用者加入 Docker 使用者群組。此時切換到 alphamind 使用者，執行 Docker 的相關命令，發現非 root 使用者也能成功操作 Docker 了。

```
su - alphamind
docker pull centos:7
```

```
CONTAINER ID        IMAGE              COMMAND           CREATED        STATUS
       PORTS                   NAMES
[alphamind@VM-0-3-centos ~]$ docker pull centos:7
7: Pulling from library/centos
2d473b07cdd5: Pull complete
Digest: sha256:0f4ec88e21daf75124b8a9e5ca03c37a5e937e0e108a255d890492430789b60e
Status: Downloaded newer image for centos:7
docker.io/library/centos:7
```

嘗試運行一個容器，發現其也可以正常運行：

```
docker run --rm -it --name alphamind-centos centos:7 bash
```

```
[alphamind@VM-0-3-centos ~]$ docker run --rm -it --name alphamind-centos centos:7 bash
[root@a4b020be6625 /]# ps -ef
UID         PID  PPID  C STIME TTY          TIME CMD
root          1     0  1 12:31 pts/0    00:00:00 bash
root         14     1  0 12:31 pts/0    00:00:00 ps -ef
[root@a4b020be6625 /]#
```

3. 以 Rootless 模式啟動 Docker

能否使用非 root 模式啟動 dockerd 處理程序呢？答案是肯定的，Docker 官方提供了以 Rootless 模式啟動 dockerd 處理程序的方式。具體操作如下。

第一步，將 alphamind 使用者加入 sudoer 列表，編輯 /etc/sudoers.d/alphamind 檔案，加入以下內容：

```
alphamind  ALL=(ALL) NOPASSWD:ALL
```

第二步，執行以下命令，為 rootless 的啟動提供必要的環境：

```
cat <<EOF | sudo sh -x
cat <<EOT > /etc/sysctl.d/51-rootless.conf
user.max_user_namespaces = 28633
```

```
EOT
sysctl --system
EOF
```

執行完成後，切換到 alphamind 使用者，就可以使用 Rootless 模式安裝 Docker 了：

```
su - alphamind
curl -fsSL https://get.docker.com/rootless | sh
```

將以下程式加入 ~/.bashrc：

```
export XDG_RUNTIME_DIR=/home/alphamind/.docker/run
export PATH=/home/alphamind/bin:$PATH
export DOCKER_HOST=unix:///home/alphamind/.docker/run/docker.sock
```

第三步，啟動 Docker，啟動方式與 root 使用者下啟動 Docker 有所區別：

```
dockerd-rootless.sh –experimental
```

Docker 啟動後，用 alphamind 使用者嘗試啟動 CentOS 7 映像檔，可以看到容器能夠被正常啟動：

```
docker run --rm -it --name alphamind centos:7 bash
```

```
[alphamind@VM-0-3-centos ~]$ docker run --rm -it --name alphamind centos:7 bash
[root@f87baa1405fb /]# ps -ef
UID        PID  PPID  C STIME TTY          TIME CMD
root         1     0  0 12:47 pts/0    00:00:00 bash
root        15     1  0 12:47 pts/0    00:00:00 ps -ef
```

接下來切換回 root 使用者，運行 ps -ef|grep dockerd 命令，可以看到以下輸出內容，證明 dockerd 處理程序已經是用 alphamind 使用者運行的了：

```
[root@VM-0-3-centos ~]# ps -ef|grep dockerd
alphami+ 22401 21554  0 20:41 pts/0    00:00:00 rootlesskit --net=vpnkit --mtu=1500 --slirp4
netns-sandbox=auto --slirp4netns-seccomp=auto --disable-host-loopback --port-driver=builtin
--copy-up=/etc --copy-up=/run --propagation=rslave /home/alphamind/bin/dockerd-rootless.sh -
-experimental
alphami+ 22408 22401  0 20:41 pts/0    00:00:00 /proc/self/exe --net=vpnkit --mtu=1500 --sli
rp4netns-sandbox=auto --slirp4netns-seccomp=auto --disable-host-loopback --port-driver=built
in --copy-up=/etc --copy-up=/run --propagation=rslave /home/alphamind/bin/dockerd-rootless.s
h --experimental
alphami+ 22437 22408  0 20:41 pts/0    00:00:03 dockerd --experimental
root     26559 25003  0 20:48 pts/2    00:00:00 grep --color=auto dockerd
```

然後執行 ps -ef|grep docker|grep -v dockerd 命令，可以看到啟動的容器也
是用 alphamind 使用者運行的：

```
[root@VM-0-3-centos ~]# ps -ef|grep docker|grep -v dockerd
alphami+ 22450 22437  0 20:41 ?        00:00:00 containerd  config /home/alphamind/.docker/
run/docker/containerd/containerd.toml --log-level info
alphami+ 31157 22927  0 20:56 pts/1    00:00:00 docker run --rm -it --name alphamind centos:
7 bash
alphami+ 31193     1  0 20:56 ?        00:00:00 /home/alphamind/bin/containerd-shim-runc-v2
-namespace moby  id 78e3dd33b6b5d5e737a3fba85e34b31d8d061c9a637cf6918baa773b79cbc258 -addres
s /home/alphamind/.docker/run/docker/containerd/containerd.sock
```

需要注意的是，Rootless 模式下運行的 Docker 是不能使用 1024 以下的通
訊埠編號進行通訊埠映射的。

2.1.3　Docker 的基礎使用方法

接下來以 Ansible 為例，對 Docker 的基礎使用方法介紹。

在啟動 Docker 之前，需要下載或訂製一個 Docker 映像檔，在 docker hub
上可以搜索我們需要的映像檔。

以 CentOS 8 Docker 映像檔為範例，啟動容器後，在容器中安裝 Ansible：

```
docker pull centos:8
```

```
8: Pulling from library/centos
7a0437f04f83: Pull complete
Digest: sha256:5528e8b1b1719d34604c87e11dcd1c0a20bedf46e83b5632cdeac91b8c04efc1
Status: Downloaded newer image for centos:8
docker.io/library/centos:8
```

查看已經下載的映像檔：

```
docker images
```

```
REPOSITORY          TAG                 IMAGE ID            CREATED             SIZE
centos              8                   300e315adb2f        7 weeks ago         209MB
```

可以看到，本地已經下載了一個 CentOS 8 的 Docker 映像檔。接下來啟動一個容器實例：

```
docker run --rm -itd --name ansible centos:8
```

```
[root@localhost ~]# docker run --rm -itd --name ansible centos:8
bfd7710f07428f45897b73a4fe81178079d3539c1fd5fea57a062f25a386fcdd
```

容器啟動後，可以透過 docker exec 命令以互動式的方式進入容器：

```
docker exec -it ansible bash
```

由於此容器是一個乾淨的 CentOS 8 容器，進入容器內部後，我們需要使用 yum 安裝 Ansible。

```
yum install -y epel-release
yum install -y ansible
```

安裝完成後，可以看到 Ansible 已經可用了：

```
[root@bfd7710f0742 /]# ansible
ansible             ansible-console     ansible-inventory   ansible-test
ansible-config      ansible-doc         ansible-playbook    ansible-vault
ansible-connection  ansible-galaxy      ansible-pull
```

按下 Ctrl+D 組合鍵，退出容器。退出容器後，輸入以下命令：

```
docker stop ansible
```

透過 docker ps 命令查看正在運行的容器，發現容器已經被完全銷毀：

```
[root@localhost ~]# docker ps
CONTAINER ID        IMAGE            COMMAND            CREATED            STATUS
        PORTS                    NAMES
```

 提示

由於啟動容器的時候加入了 --rm 選項，所以容器停止運行後，容器會自動銷毀，否則需要執行 docker rm ansible 命令才能將容器完全銷毀。

2.1.4 Docker 常用命令與設定

掌握 Docker 的基本使用方法後，接下來快速了解一下 Docker 的常用設定。根據對實驗環境的需求不同，可以對 Docker 進行自訂設定，從而建構一個更加適合自己的實驗環境。dockerd 啟動的時候，預設會讀取 /etc/docker/daemon.json 設定檔，常用的設定項目如表 2-2 所示。

表 2-2

設定項目	說明
data-root	Docker 執行時期的根路徑，可以根據當前系統的磁碟大小進行合理的分配
insecure-registries	此設定項目是一個陣列，當自建容器映像檔並且沒有設定 HTTPS 的時候，需要設定此設定項目，否則無法將映像檔推送至映像檔倉庫
registry-mirrors	此設定項目是一個陣列，使用此設定項目可以設定下載映像檔時的位址，造成加速映像檔下載的作用

除了上述的常用設定項目，還有一些 Docker 的命令是在實驗過程中經常用到的。

下載指定的映像檔到本地：

```
docker pull centos:7
```

查看本地的映像檔：

```
docker images
```

刪除指定的映像檔：

```
docker rmi <映像檔 id>
```

刪除所有名稱為 none 的映像檔：

```
docker images | grep none | awk '{print $3} ' | xargs docker rmi
```

以互動式的模式進入容器：

```
docker exec -it <容器名稱> sh
```

查看容器日誌：

```
docker logs -f <容器 id>
```

2.1.5 訂製 Ansible 映像檔

將容器停止之後，再次啟動容器，會發現容器中所有安裝的 Ansible 應用不見了，這是 Docker 的特性。

當我們啟動容器後，容器所處的環境位於映像檔檔案的最上層，此層會在退出或重新啟動映像檔後被重置，類似於給電腦裝了還原卡一樣，一旦電腦重新啟動，所有的應用都會還原到最初的狀態。有沒有一個簡單的方法讓容器保持我們訂製的狀態，而非每次重置容器後都要重新安裝應用呢？答案是肯定的，我們可以透過編寫 Dockerfile 訂製屬於自己的映像檔，訂製好的映像檔會達到我們期望的最終狀態。

以訂製 Ansible 的映像檔為例，新增以下內容到一份名稱為 Dockerfile 的檔案中：

```
FROM centos:7
WORKDIR /etc/yum.repos.d/
RUN yum install -y wget
RUN wget -O /etc/yum.repos.d/epel.repo http://mirrors.aliyun.com/repo/
    epel-7.repo
RUN yum clean all
RUN yum makecache
RUN yum install -y ansible openssh-server openssh-clients
RUN echo "123456"|passwd --stdin root
RUN ssh-keygen -t rsa -f /etc/ssh/ssh_host_rsa_key -N "" -q && \
ssh-keygen -t ecdsa -f /etc/ssh/ssh_host_ecdsa_key -N "" -q && \
ssh-keygen -t ed25519 -f /etc/ssh/ssh_host_ed25519_key -N "" -q
CMD /usr/sbin/sshd && tail -f /var/log/wtmp
```

執行 docker build 命令訂製映像檔：

```
docker build -t ansible .
```

命令執行完成後，一個訂製好的 Ansible 映像檔就被製作出來了，可以透過 docker images 命令查看映像檔：

```
[root@localhost ~]# docker images
REPOSITORY          TAG           IMAGE ID            CREATED             SIZE
ansible             latest        6Ge76f4021bf        48 seconds ago      960MB
centos              8             300e315adb2f        7 weeks ago         209MB
centos              7             8652b9f0cb4c        2 months ago        204MB
```

我們試著啟動 Ansible 映像檔，看一下是否按照我們的期望把 Ansible 預先安裝好了：

```
docker run --rm -it ansible bash
```

```
[root@localhost ~]# docker run --rm -it ansible bash
[root@89d3d53c0277 C]# ansible
usage: ansible [-h] [--version] [-v] [-b] [--become-method BECOME_METHOD]
               [--become-user BECOME_USER] [-K] [-i INVENTORY] [--list-hosts]
               [-l SUBSET] [-P POLL_INTERVAL] [-B SECONDS] [-o] [-t TREE] [-k]
               [--private-key PRIVATE_KEY_FILE] [-u REMOTE_USER]
               [-c CONNECTION] [-T TIMEOUT]
               [--ssh-common-args SSH_COMMON_ARGS]
               [--sftp-extra-args SFTP_EXTRA_ARGS]
               [--scp-extra-args SCP_EXTRA_ARGS]
               [--ssh-extra-args SSH_EXTRA_ARGS] [-C] [--syntax-check] [-D]
               [-e EXTRA_VARS] [--vault-id VAULT_IDS]
               [--ask-vault-pass | --vault-password-file VAULT_PASSWORD_FILES]
               [-f FORKS] [-M MODULE_PATH] [--playbook-dir BASEDIR]
               [-a MODULE_ARGS] [-m MODULE_NAME]
               pattern
```

 提示

此次訂製 Ansible 映像檔使用的是 CentOS 7 的系統環境，而第一次實驗時使用的是 CentOS 8 的系統環境，在容器的世界中，切換不同的作業系統是非常便捷的，而在虛擬機器的世界中，我們只能安裝兩套作業系統。

容器雖然訂製但上面的 Dockerfile 命令都代表什麼意思呢？下面我們對 Dockerfile 的一些關鍵命令進行講解，如表 2-3 所示。

表 2-3

命令	說明
FROM	指定使用的基礎映像檔，必須寫在第一行
RUN	建構映像檔時在映像檔內執行的命令

命令	說明
ADD	將本地檔案增加至容器中（假如檔案是 tar 類型，則會自動解壓），也能夠將網路檔案增加至容器中
COPY	將本地檔案增加至容器中，不會自動解壓，也不能存取網路資源
CMD	容器建構完成後，啟動容器時執行的命令
ENV	用於設定容器的環境變數
WORKDIR	指定容器當前的工作目錄

我們再回頭看一下 Dockerfile 都做了什麼工作：

（1）指定了基礎映像檔是 CentOS 7（FROM centos:7）。

（2）切換當前工作目錄（WORKDIR/etc/yum.rcpos.d/）。

（3）安裝 wget（RUN yum install -y wget）。

（4）下載替代的 EPEL 來源。

（5）清空 yum 中繼資料（RUN yum clean all）。

（6）重建 yum 中繼資料（RUN yum makecache）。

（7）安裝 Ansible 及 SSH 服務，為後面的實驗環境做準備（yum install -y ansible openssh- server openssh-clients）。

（8）設定 SSH 服務（RUN ssh-keygen -t rsa -f /etc/ssh/ssh_host_rsa_key -N "" -q && \ ssh-keygen -t ecdsa -f /etc/ssh/ssh_host_ecdsa_key -N "" -q && \ ssh-keygen -t ed25519 -f /etc/ssh/ssh_host_ed25519_key -N "" –q）。

（9）設定預設的啟動命令，在沒有設定的情況下預設啟動 SSH 服務
（CMD /usr/sbin/sshd && tail -f /var/log/wtmp）。

2.1.6 使用 docker-compose 編排實驗環境

Ansible 的映像檔已經訂製我們需要一台目標裝置來讓 Ansible 作為運行
維護的目標主機，按照正常的方法，執行以下兩筆命令來完成這個目標：

```
docker run --rm --name os -itd ansible
docker run --rm --name ansible --link os:os -itd ansible
```

🔍 提示

透過 --link 選項，可以將容器與另外一個容器連接起來，使得兩個容器
的網路能夠互通。

進入 Ansible 容器時，我們可以 "ping" 通名稱為 os 的容器，證明此時的
網路已經連通了：

```
[root@097060d98347 yum.repos.d]# ping os
PING os (172.17.0.2) 56(84) bytes of data.
64 bytes from os (172.17.0.2): icmp_seq=1 ttl=64 time=0.089 ms
64 bytes from os (172.17.0.2): icmp_seq=2 ttl=64 time=0.045 ms
64 bytes from os (172.17.0.2): icmp_seq=3 ttl=64 time=0.048 ms
```

雖然這樣操作也可以完成架設實驗環境的目標，但是仍然存在一些不方
便的地方──啟動和暫停容器都需要執行多個命令。那麼如何才能用一個
簡單便捷的方法使得多容器的實驗環境架設起來更加容易呢？此時我們
可以使用 docker-compose。

docker-compose 是 Docker 官方的開放原始碼專案，負責實現對 Docker
容器叢集的快速編排。也就是說，使用 docker-compose，我們能夠快速
地完成多個容器的啟動與停止，讓實驗過程更加便捷。

```
docker-compose-`uname -s`-`uname -m` > /usr/local/bin/docker-compose
chmod +x /usr/local/bin/docker-compose
```

```
[root@localhost ~]# docker-compose
Define and run multi-container applications with Docker.

Usage:
  docker-compose [-f <arg>...] [--profile <name>...] [options] [--] [COMMAND] [ARGS...]
  docker-compose -h|--help

Options:
  -f, --file FILE            Specify an alternate compose file
                             (default: docker-compose.yml)
  -p, --project-name NAME    Specify an alternate project name
                             (default: directory name)
  --profile NAME             Specify a profile to enable
  -c, --context NAME         Specify a context name
  --verbose                  Show more output
```

 提示

docker-compose 的安裝套件是一個二進位檔案，下載後可直接使用。

安裝完成後，將上面用命令啟動的兩個 Docker 容器轉為 docker-compose
的形式。

新建 docker-compose.yml 檔案：

```
version: "3"
services:
  os:
    image: ansible
    container_name: os

  ansible:
```

```
image: ansible
container_name: ansible
command:
    - /bin/bash
    - -c
    - "while true;do sleep 1;done"
```

執行 docker-compose up –d 命令：

```
[root@localhost ~]# docker-compose up -d
Building with native build. Learn about native build in Compose here: https://docs.docker.co
m/go/compose-native-build/
Creating network "root_default" with the default driver
Creating ansible ... done
Creating os      ... done
```

執行 docker-compose ps 命令：

```
Name                 Command                     State    Ports
--------------------------------------------------------------
ansible     /bin/bash -c while true;do ...       Up
os          /bin/sh -c /usr/sbin/sshd  ...       Up
```

可以看到，我們用一份設定檔同時讓多個容器啟動了，進入 Ansible 容器，嘗試 "ping"os 容器：

```
[root@5245545501bc yum.repos.d]# ping os
PING os (172.19.0.2) 56(84) bytes of data.
64 bytes from os.root_default (172.19.0.2): icmp_seq=1 ttl=64 time=0.175 ms
64 bytes from os.root_default (172.19.0.2): icmp_seq=2 ttl=64 time=0.068 ms
64 bytes from os.root_default (172.19.0.2): icmp_seq=3 ttl=64 time=0.066 ms
```

可以發現，使用 docker-compose 啟動的容器，網路已經自動連通了，透過 docker-compose 檔案中的名稱就可以互相存取。

執行 docker-compose down 命令，compose 檔案中設定的容器和網路就同時被移除了：

```
[root@localhost ~]# docker-compose down
Stopping ansible ... done
Stopping os      ... done
Removing ansible ... done
Removing os      ... done
Removing network root_default
```

透過 docker-compose，不僅極大地提升了多容器實驗環境的建構與銷毀速度，同時還讓實驗環境的創建更加標準化。

2.1.7　docker-compose 的常用設定項目

在 docker-compose 中，一個最小的設定檔如下：

```
version: "3"

services:
  ansible:
    image: ansible
```

設定檔中指定了我們需要啟動的映像檔。加入實驗環境所需要的設定，參考如下。

■　cap_add：用於為容器加入系統核心的能力

```
cap_add:
  - ALL
```

■　command：用於覆蓋容器啟動後的命令

```
command:
  - /bin/bash
```

```
    - -c
    - "while true;do sleep 1;done"
```

- image：指定容器所使用的映像檔名稱

```
image: ansible
```

- ports：宣告容器曝露的通訊埠資訊

```
 - ports:
     - "22:22"
```

- volumes：宣告資料卷冊的掛載路徑

```
volumes:
 - /data:/data
```

- restart：指定容器的重新啟動策略

```
restart: always
```

- tty：宣告是否需要模擬一個偽終端

```
tty: true
```

〉 2.2 映像檔倉庫

在製作完 Docker 映像檔之後，我們可以把實驗環境存放在 Docker 的映像檔倉庫中進行統一管理，一方面可以達到快速恢復實驗環境的目的，下次在一台新的裝置上做實驗的時候，就不需要再次編譯映像檔了，可以直接從映像檔倉庫中 "pull" 下來；另一方面可以對實驗進行統一歸檔，下次需要啟動實驗環境的時候，從映像檔倉庫中 "pull" 下來即可。

2.2.1　Docker Registry

Docker Hub 是 Docker 官方用於管理公共映像檔的地方，我們除了可以在上面找到想要的映像檔，還可以把訂製的映像檔推送上去。但是，我們期望有一個私有的映像檔倉庫來管理實驗的映像檔。這時就可以採用 Registry 映像檔來達到目的。

Registry 在 GitHub 上有兩份程式：舊程式庫和新程式庫。舊程式庫是採用 Python 編寫的，存在 pull 和 push 的性能問題，在 0.9.1 版本之後就標示為 deprecated，不再繼續開發。從 2.0 版本開始，就在新程式庫中進行開發，新程式庫是採用 Go 編寫的，修改了映像檔 id 的牛成演算法、Registry 上映像檔的保存結構，大大最佳化了 "pull" 和 "push" 映像檔的效率。

官方在 Docker Hub 上提供了 Registry 的映像檔，我們可以直接使用該 Registry 映像檔來建構一個容器，架設實驗環境使用的私有倉庫服務。

（1）從映像檔倉庫中下載映像檔。

```
docker pull registry
```

```
latest: Pulling from library/registry
0a6724ff3fcd: Pull complete
d550a247d74f: Pull complete
1a938458ca36: Pull complete
acd758c36fc9: Pull complete
9af6d68b484a: Pull complete
```

（2）創建持久化卷冊，並啟動 Registry 容器。

```
docker volume create registry
docker run -itd -v registry:/var/lib/registry -p 5000:5000
--restart=always --name registry registry
```

使用 docker volume 可以創建持久化卷冊,映像檔倉庫所管理的映像檔
是需要被持久化的,否則容器被銷毀後,所有的資料都會隨之銷毀。

(3)啟動完成後造訪 http://192.168.199.161:5000/v2/ 進行驗證,可以看到
Registry 已經正常啟動了,如圖 2-1 所示。

```
1    // 20210208114653
2    // http://192.168.199.161:5000/v2/
3
4  ▾ {
5
6    }
```

圖 2-1

(4)由於我們沒有設定 HTTPS,所以要把倉庫位址加入 Docker 設定檔的
insecure- registries 選項中,修改 /etc/docker/daemon.json,加入完畢後重
新啟動 Docker。

```
"insecure-registries": ["192.168.199.161:5000"],
```

(5)嘗試推送 Ansible 映像檔至 Registry。

```
docker tag ansible 192.168.199.161:5000/ansible
docker push 192.168.199.161:5000/ansible
```

```
The push refers to repository [192.168.199.161:5000/ansible]
b53d938df927: Pushed
b9077236be67: Pushed
ddfac8766e36: Pushed
907bcf8edf02: Pushed
dbd530d13d4f: Pushed
174f56854903: Pushed
latest: digest: sha256:d1e35e0da30bfdfa15a4b1dc41673096276e475782326a3fc8062103c2706ad7 siz
```

（6）造訪 http://192.168.199.161:5000/v2/_catalog 查看推送情況，如圖 2-2 所示。

```
1    // 20210208115119
2    // http://192.168.199.161:5000/v2/_catalog
3
4  ▾ {
5  ▾   "repositories": [
6        "ansible"
7      ]
8    }
```

圖 2-2

經過上述步驟後，Ansible 映像檔已經被推送到映像檔倉庫了。

2.2.2　Harbor

在部署完 Registry 之後，會發現這個映像檔倉庫和我們所期望的並不太一樣。它沒有任何便於使用的圖形化介面，這使得相關操作並不方便。除了 Registry，Harbor 是一個更好的映像檔倉庫選擇，雖然相比 Registry，它的元件明顯多了不少，但提供了更加豐富的功能及更好的操作體驗。

Harbor 的主要功能：

- 基於角色的存取控制；

- 基於映像檔的複寫原則；

- 圖形化使用者介面；

- 支持 AD/LDAP；

- 映像檔刪除和垃圾回收；

- 稽核管理；

- RESTful API；

- 部署簡單。

雖然 Harbor 提供了非常多的功能，但對實驗環境來說，便利性是非常重要的。

接下來，我們以 harbor-2.0.1 為例對 Harbor 進行部署。Harbor 下載完畢後，對壓縮檔進行解壓，查看 harbor 根目錄下的 harbor.yml 檔案，對以下設定進行修改：

```
hostname: 192.168.199.161
http:
  port: 5000
#https:
  #port: 443
harbor_admin_password: aiops
```

- 將 hostname 修改為 Harbor 所在裝置的 IP 位址；

- 在 http 選項中，將通訊埠指定為 5000；

- 關閉設定中的 https 選項；

- 指定 harbor_admin_password 的初值為 aiops，用來設定 Harbor 的初始密碼。

設定完畢後執行 sh ./install.sh 命令：

```
[Step 5]: starting Harbor ...
Building with native build. Learn about native build in Compose here: https://
-native-build/
Creating network "harbor-201_harbor" with the default driver
Creating harbor-log    ... done
Creating harbor-db     ... done
Creating registry      ... done
Creating redis         ... done
Creating registryctl   ... done
Creating harbor-portal ... done
Creating harbor-core   ... done
Creating nginx         ... done
Creating harbor-jobservice ... done
✔----Harbor has been installed and started successfully.----
```

當出現以上內容時，表示 Harbor 安裝完畢，造訪 http://192.168.199.161:5000
頁面，如圖 2-3 所示，表示此時 Harbor 已經啟動完成。

圖 2-3（編按：本圖為簡體中文介面）

Harbor 的預設使用者名為 admin，輸入初始化設定的密碼 aiops 後進入系統，可以看到 Harbor 的映像檔管理介面，相比 Registry，Harbor 的功能更加強大，管理功能也更加好用，如圖 2-4 所示。

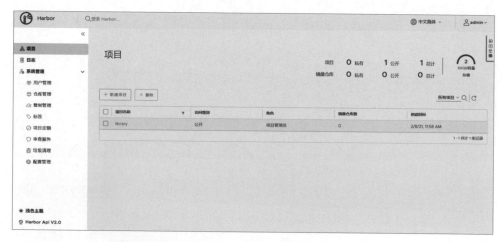

圖 2-4（編按：本圖為簡體中文介面）

Harbor 可以使用後，重新設定映像檔的 tag，並推送至 Harbor：

```
docker tag ansible 192.168.199.161:5000/library/ansible
docker login 192.168.199.161:5000 -u admin -p aiops
docker push 192.168.199.161:5000/library/ansible
```

提示

相比 Registry，Harbor 在映像檔推送的時候多了一個登入的動作，可以防止未經認證的使用者從 Harbor 中獲取實驗環境。

❯ 2.3　Kubernetes

2.3.1　Kubernetes 簡介

在大多數的情況下,使用 docker-compose 已經能夠滿足實驗需求了,但也有 docker-compose 所不能滿足的場景:

- 期望架設一個實驗用的 PaaS 環境,將實驗環境快速提供給多個實驗者;

- 擁有多台實驗裝置,期望將這些裝置資源充分地利用起來;

- 期望模擬環境能夠提供負載平衡、網路隔離等特性,更進一步地對實驗環境進行模擬。

在這種情況下,我們可以使用 Kubernetes 架設更加進階的實驗環境。

Kubernetes 是一個自動化部署、伸縮和操作應用程式(容器)的開放原始碼平台。使用 Kubernetes,可以快速、高效率地滿足以下需求:

- 快速精準地部署實驗環境;

- 根據實驗的需求彈性地伸縮實驗環境;

- 提供網路隔離、資源限制、負載平衡等「開箱即用」的能力,更進一步地對實驗環境進行模擬;

- 更加充分地利用資源;

- 提供多租戶的能力將實驗者的實驗環境進行隔離。

2.3.2 Kubeasz

純手工部署一套 Kubernetes 環境是非常麻煩的,也容易出錯,使用 Kubeasz 對 Kubernetes 進行部署是一個不錯的選擇。Kubeasz 是一個基於 Ansible 的 Kubernetes 自動化部署項目,並且還考慮到了慢速的網路環境,能夠幫助我們快速地完成 Kubernetes 實驗環境的部署。

- 下載 Kubeasz 的部署指令稿
- 下載必需的安裝檔案

```
./ezdown -D
```

- 啟動部署環境

```
./ezdown -S
```

- 單機快速部署

```
docker exec -it kubeasz ezctl start-aio
```

- 檢查節點是否正常執行

```
kubectl get node
```

```
NAME              STATUS    ROLES     AGE     VERSION
192.168.199.161   Ready     master    129m    v1.20.2
```

- 檢查系統元件是否正常執行

```
kubectl get po -A
```

```
[root@localhost ~]# kubectl get po -A
NAMESPACE     NAME                                            READY   STATUS    RESTARTS   AGE
kube-system   coredns-5787695b7f-mntdl                        1/1     Running   0          107s
kube-system   dashboard-metrics-scraper-79c5968bdc-vrvls      1/1     Running   0          94s
kube-system   kube-flannel-ds-amd64-1c4r4                     1/1     Running   0          2m4s
kube-system   kubernetes-dashboard-c4c6566d6-jm8pb            1/1     Running   0          94s
kube-system   metrics-server-8568cf894b-p557n                 1/1     Running   0          102s
kube-system   node-local-dns-x4jw5                            1/1     Running   0          106s
```

完成上述步驟後，一個 Kubernetes 的實驗環境就已經架設好了。

2.3.3　K3S

K3S 是經過 CNCF 認證，專為物聯網及邊緣計算而設計的 Kubernetes 發行版本，體積小巧、資源佔用更少，以及能夠在 ARM 上運行都是 K3S 的亮點。K3S 官方提供了非常便捷的部署方式，對希望能夠快速架設 Kubernetes 環境的讀者來說，同樣是一個非常不錯的選擇。相比 Kubernetes，K3S 的主要特點如下：

- 應用被打包為單一二進位檔案，更加精簡；
- 使用 SQLite3 作為預設的儲存方案，但 etcd、MySQL、Postgres 依然可用；
- 最小化外部依賴。

K3S 的部署也非常簡單，執行以下命令即可完成 K3S 單節點的快速部署：

```
curl -sfL http://rancher-mirror.cnrancher.com/k3s/k3s-install.sh
|INSTALL_K3S_EXEC= "--docker --kube-apiserver-arg service-node-port-
range=1-65535" INSTALL_K3S_MIRROR= cn sh -
```

安裝完成後，執行 kubectl get node 命令，可以看到節點已經就緒：

```
[root@VM-0-3-centos ~]# kubectl get node
NAME             STATUS    ROLES                   AGE    VERSION
vm-0-3-centos    Ready     control-plane,master    98s    v1.20.5+k3s1
```

執行 kubectl get po -A 命令，可以看到 K3S 在安裝的時候預設將 Traefik、Helm、local-path- provisioner 和 CoreDNS 都部署好了：

```
[root@VM-0-3-centos ~]# kubectl get po -A
NAMESPACE      NAME                                    READY  STATUS      RESTARTS  AGE
kube-system    coredns-854c77959c-42t98                1/1    Running     0         114s
kube-system    metrics-server-86cbb8457f-9fq94         1/1    Running     0         114s
kube-system    helm-install-traefik-h8p65              0/1    Completed   0         114s
kube-system    local-path-provisioner-5ff76fc89d-fglpm 1/1    Running     0         114s
kube-system    svclb-traefik-bt78l                     2/2    Running     0         53s
kube-system    traefik-6f9cbd9bd4-qj7k7                1/1    Running     0         53s
```

2.3.4 Kubernetes 快速入門

架設好 Kubernetes 環境之後，我們需要學習如何操作 Kubernetes，以便更進一步地架設實驗環境。

1. Pod

1）Pod 的基本概念

Pod 是 Kubernetes 中可以創建的應用的最小單元，Pod 包含容器、儲存、網路等的定義資訊。有兩種常見的 Pod 的使用方式：

（1）一個 Pod 中只運行一個容器。這是一種常見的用法，此時可以簡單地認為 Pod 和容器是相等的。

（2）一個 Pod 中運行多個容器。當多個容器總是需要被部署在同一個節點，並且相關性比較高，需要透過 localhost 相互存取或存取同一個本地卷冊時，一般會採用一個 Pod 中運行多個容器的方式。

Pod 中的容器可以共用兩種資源：網路和儲存。首先是網路的共用，每個 Pod 都會被分配唯一的 IP 位址。Pod 中的所有容器會共用 IP 位址和通訊埠等網路資源。同一個 Pod 中的容器可以使用 localhost 互相通訊。其次是儲存的共用，可以為一個 Pod 指定共用的卷冊，使得 Pod 中的多個容器能夠使用共用檔案。共用卷冊的主要原因是 Pod 中的容器總是被同時排程到同一個節點，所以 Pod 中的各個容器看到的共用目錄對應在主機上都是同一個目錄。

2）Init 容器

InitContainers 是在 Kubernetes1.6 開始推出的新特性，Init 的設定方式和 Containers 的設定方式一致，只是各自的設定名稱不一樣，Init 容器設定在 initContainers 設定項目中。它和普通的容器有以下不同的三點特性：

（1）Init 容器運行完成後就會終止。

（2）每個 Init 容器都必須在下一個 Init 容器啟動成功之前運行完畢。

（3）如果 Pod 的 Init 容器啟動失敗，那麼 Kubernetes 會不斷地重新啟動 Pod，直到 Init 容器啟動成功為止。

Init 容器有哪些使用場景呢？

- 在 Init 容器中運行初始化工具，幫助應用做環境的初始化操作；

- 在設計軟體的時候，可以將應用分為初始化服務和運行服務，對應用的職責進行劃分；

- Init 容器使用 Linux Namespace，所以比普通容器能夠獲得更高的許可權。

下面展示了 Init 容器的使用方法，在以下設定中，Pod 包含了一個 Nginx 容器，但這個 Nginx 容器的啟動是有約束的，它需要 MySQL 服務啟動完成之後才能夠被啟動，否則 Nginx 中所承載的應用會出現異常。此時我們就可以設定 Init 容器，讓 Init 容器檢查 MySQL 服務是否正常運行，只有正常運行才讓 Nginx 服務啟動，否則一直等待。

```
apiVersion: v1
kind: Pod
metadata:
  name: app
  labels:
    app: app
spec:
  containers:
  - name: app
    image: nginx
    ports:
      - name: http
        containerPort: 80
        protocol: TCP
  initContainers:
    - name: init-mysql
      image: busybox:1.31
      command: ['sh', '-c', 'until nslookup mysql-svc; do echo waiting
for mysql ……; sleep 2; done;']
```

3）Pause 容器

對容器來說，Pod 其實是一個邏輯概念，真實運行的其實都是容器，每個啟動的 Pod 必定伴隨著一個啟動的 Pause 容器。Pause 容器的功能只有一個，就是讓自己永遠處於 Pause 狀態，它主要為 Pod 中的其他容器提供以下功能：

- 使得 Pod 中的不同應用能夠看到其他應用的處理程序號；

- 使得多個容器能夠存取同一個 IP 位址和通訊埠範圍；

- 使得多個容器能夠透過 IPC 進行通訊；

- 使得 Pod 中的多個容器共用一個主機名稱；

- 使得 Pod 中的多個容器能夠存取在 Pod 等級定義的 Volumes。

整體來說，Pause 容器有著橋樑的作用，解決了 Pod 中不同容器共用網路資源的問題。

4）Pod 的生命週期

和容器一樣，Pod 也被認為是相對臨時性的實體。Pod 在被創建後，會被指定唯一的 ID，被排程到特定的節點，並在終止或刪除之前一直在該節點上運行。如果 Pod 所在的節點當機了，那麼排程到該節點的 Pod 也會在一定時間後被刪除。單純的 Pod 是不具備故障自癒能力的，也就是說，如果 Pod 被排程到某個節點，由於節點故障而導致 Pod 被刪除，那麼 Pod 是不會自動重新啟動或排程到其他節點的。在 Kubernetes 中，負責排程 Pod 的元件被稱作控制器，會在後續的章節中說明。

Pod 有自己的生命週期，了解 Pod 的生命週期能夠幫助我們更進一步地找出 Pod 部署過程中失敗的原因，了解當前叢集中的 Pod 的運行是否健康。Pod 的運行狀態如表 2-4 所示。

表 2-4

運行狀態	描述
Pending	Pod 已被 Kubernetes 系統受理，但有一個或多個容器尚未創建亦未運行。此階段包括等待 Pod 被排程和容器下載映像檔兩個環節
Running	Pod 已經綁定到了某個節點，Pod 中所有的容器都被創建。至少有一個容器仍在運行，或正處於啟動 / 重新啟動狀態

運行狀態	描述
Succeeded	Pod 中的所有容器都成功運行,到達終止狀態,並且不會再重新啟動
Failed	Pod 中的所有容器都終止運行,並且至少有一個容器是因為失敗而終止的。也就是説,容器以非 0 狀態退出或被系統終止

2. 叢集管理

1)Node(節點)

當伺服器加入 Kubernetes 之後,伺服器就會成為 Kubernetes 中的 Node,可以透過 kubectl get node 命令查看當前節點的狀態資訊,包括節點當前的狀態、角色、執行時期長和版本資訊。

```
[root@registry-svc ~]# kubectl get node
NAME            STATUS   ROLES    AGE   VERSION
192.168.30.50   Ready    master   32d   v1.18.3
```

對於 Node,有以下常用的運行維護命令:

(1)禁止 Pod 排程到指定節點。

```
kubectl cordon <節點名稱>
```

(2)驅逐指定節點上的所有 Pod。執行該命令後,被驅逐的 Pod 會在其他節點上重新啟動,一般在叢集維護的時候會用到。

```
kubectl drain <節點名稱>
```

2)NameSpace(命名空間)

Kubernetes 預設的設計是多租戶模式,透過 NameSpace,可以讓多個不同的使用者或應用進行租戶隔離,限定每個租戶可用的資源。

（1）使用 NameSpace 隔離專案小組：為不同的專案小組創建 NameSpace，限定不同專案小組的資源使用情況，專案小組不需要使用資源的時候可以完成資源的快速回收。

（2）使用 NameSpace 隔離開發環境：為生產、測試、開發等環境劃分不同的 NameSpace，方便對不同的環境進行管理。

有一點需要注意，並不是所有的資源物件都會有對應的 NameSpace，舉例來說，Node 和 PersistentVolume 就不屬於任何 NameSpace。NameSpace 既可以透過命令列創建，也可以使用設定檔的方式創建，使用設定檔創建的方式如下：

```
apiVersion. v1
kind: Namespace
metadata:
  name: <NameSpace>
```

在創建命名空間的同時，可以限定命名空間的預設資源配額。舉例來說，下面的設定在 NameSpace 中宣告了 LimitRange，使得命名空間內的容器預設最多 CPU 使用數為 1 個，每個容器宣告自己需要的 CPU 數量為 0.5 個。

```
apiVersion: v1
kind: LimitRange
metadata:
  name: cpu-limit-range
spec:
  limits:
  - default:
      cpu: 1
    defaultRequest:
      cpu: 0.5
    type: Container
```

3）Taint 和 Toleration

Taint 和 Toleration 可以在 Node 和 Pod 上使用，主要的用途是最佳化 Pod 在叢集間的排程方式。Taint 的作用是使節點能排斥一類特定的 Pod，Toleration 是設定在 Pod 上的，用於允許 Pod 被排程到與之匹配的 Taint 節點上。Taint 和 Toleration 相互配合，可以使 Pod 被分配到合適的運行節點上。

Taint 的操作命令如下，表示只有當擁有和這個 Taint 節點所匹配的 Toleration 時才允許被排程到此節點上：

```
kubectl taint nodes node1 key1=value1:NoSchedule
```

此時我們創建一個 Pod，為 Pod 加上 Tolerations 的設定，會發現這個 Pod 被排程到被標記為 Taint 的節點上：

```
apiVersion: v1
kind: Pod
metadata:
  name: nginx
  labels:
    env: test
spec:
  containers:
  - name: nginx
    image: nginx
    imagePullPolicy: IfNotPresent
  tolerations:
  - key: "key1"
    value: "value1"
    operator: "Exists"
    effect: "NoSchedule"
```

3. 控制器

前面在介紹 Pod 的時候講到，Pod 自身是不具備故障自癒能力的，需要透過控制器才能獲得故障自癒的能力。在實際使用中，我們很少直接管理 Pod，一般由控制器對 Pod 進行管理。常用的控制器有 Deployment、StatefulSet 和 DaemonSet。

1）Deployment

Deployment 控制器為 Pod 和 ReplicaSet 提供了一個宣告式定義方法，用於替代以前的 ReplicationController 來方便地管理應用，它常用於創建無狀態的應用。

以一個 Nginx 應用為例，編寫以下 Deployment 檔案。相比直接使用 Pod，使用 Deployment 設定能夠告訴 Kubernetes 啟動哪些應用，以及啟動多少個備份，並且還能獲得應用故障後自癒的特性。

```
apiVersion: apps/v1
kind: Deployment
metadata:
  name: nginx-deployment
  labels:
    app: nginx
spec:
  replicas: 3
  selector:
    matchLabels:
      app: nginx
  template:
    metadata:
      labels:
```

```
        app: nginx
    spec:
      containers:
      - name: nginx
        image: nginx:1.14.2
        ports:
        - containerPort: 80
```

當應用負載很高，需要擴充的時候，可以執行以下命令對應用進行擴充：

```
kubectl scale deployment nginx-deployment --replicas 10
```

除了手工指定備份數，還可以彈性擴充。舉例來說，當 CPU 負載達到 80 以上的時候開始擴充，最小備份數為 10 個，最大備份數為 15 個：

```
kubectl autoscale deployment nginx-deployment --min=10 --max=15 --cpu-
percent=80
```

2）StatefulSet

StatefulSet 和 Deployment 的最大區別是，StatefulSet 是有狀態特性的，當我們要求 Pod 中的容器有序的時候，可以使用 StatefulSet。它具有以下特性：

- 唯一的網路標示；

- 持久化儲存；

- 優雅地部署和伸縮；

- 優雅地刪除和終止；

- 自動輪流升級。

下面以 Nginx 為例，設定一個有狀態的 Nginx 服務，包含以下元件：

- 一個名稱為 nginx 的 headless service；

- 一個名稱為 web 的 StatefulSet，並且宣告了 3 個運行 Nginx 容器的 Pod；

- 設定了 volumeClaimTemplates，給 Nginx 提供了穩定的儲存。

程式如下：

```
apiVersion: v1
kind: Service
metadata:
  name: nginx
  labels:
    app: nginx
spec:
  ports:
  - port: 80
    name: web
  clusterIP: None
  selector:
    app: nginx
---
apiVersion: apps/v1beta1
kind: StatefulSet
metadata:
  name: web
spec:
  serviceName: "nginx"
  replicas: 3
  template:
    metadata:
      labels:
```

```
        app: nginx
    spec:
      terminationGracePeriodSeconds: 10
      containers:
      - name: nginx
        image: gcr.io/google_containers/nginx-slim:0.8
        ports:
        - containerPort: 80
          name: web
        volumeMounts:
        - name: www
          mountPath: /usr/share/nginx/html
  volumeClaimTemplates:
  - metadata:
      name: www
      annotations:
        volume.beta.kubernetes.io/storage-class: anything
    spec:
      accessModes: [ "ReadWriteOnce" ]
      resources:
        requests:
          storage: 1Gi
```

3）DaemonSet

DaemonSet 用於確保全部的 Node 都運行了一個指定的 Pod，當有新的節點連線叢集時，會為它們新增一個指定的 Pod；當節點從叢集中被移除時，這些 Pod 也會被回收。DaemonSet 有以下典型的用法：

- 叢集儲存 Daemon，如 Ceph、Glusterd；

- 日誌擷取 Agent，如 FileBeat、Nxlog 等；

■ 基礎監控 Agent，如 Zabbix、Node Exporter 等。

以 Node Exporter 為例，在使用 Prometheus 做基礎監控的時候，經常會使用 Node Exporter 擷取節點上的指標，此時可以使用 DaemonSet 提供的能力，讓所有的節點都運行 Node Exporter，新加入的節點也自動運行 Node Exporter：

```
apiVersion: apps/v1
kind: DaemonSet
metadata:
  name: node-exporter
spec:
  selector:
    matchLabels:
      app: node-exporter
  template:
    metadata:
      labels:
        app: node-exporter
      name: node-exporter
      annotations:
        prometheus.io/scrape: 'true'
        prometheus.io/port: '9100'
        prometheus.io/path: '/metrics'
    spec:
      containers:
        - name: node-exporter
          image: registry-svc:25000/library/node-exporter
          imagePullPolicy: IfNotPresent
      hostNetwork: true
      hostPID: true
  ---
```

```
apiVersion: v1
kind: Service
metadata:
  name: node-exporter-svc
spec:
  selector:
    app: node-exporter

  ports:
  - protocol: TCP
    port: 9100
targetPort: 9100
```

4. 儲存管理

容器磁碟上的檔案的生命週期是短暫的，預設情況下，當容器被重新啟動後，容器中的檔案就會被重置到映像檔最初的狀態，這對有持久化需求的應用來說是不可接受的。因此，Kubernetes 提供了 Volume 來解決儲存持久化的問題。Kubernetes 提供了非常多 Volume 的類型供我們使用。下面介紹常用的 Volume。

emptyDir：當 Pod 被分配給節點時，會創建 emptyDir 卷冊，並且只要 Pod 在節點上運行，該卷冊就會存在。當 Pod 被移除後，emptyDir 中的資料也會被刪除。

```
apiVersion: v1
kind: Pod
metadata:
  name: centos
spec:
  containers:
```

```
  - image: centos:7
    name: centos
    volumeMounts:
    - mountPath: /demo
      name: data
  volumes:
  - name: data
    emptyDir: {}
```

hostPath：用於將主機上的檔案或目錄掛載到叢集中。

```
apiVersion: v1
kind: Pod
metadata:
  name: centos
spec:
  containers:
  - image: centos:7
    name: centos
    volumeMounts:
    - mountPath: /data
      name: data
  volumes:
  - name: data
    hostPath:
      path: /data
      type: Directory
```

hostPath 類型的卷冊支援多種掛載的模式，透過 type 進行設定，常用設定如表 2-5 所示。

表 2-5

值	描述
DirectoryOnCreate	如果指定路徑上什麼都不存在,那麼將根據需要創建空目錄,許可權設定為 0755,具有與 kubelet 相同的組和擁有者資訊
Directory	在指定路徑上必須存在的目錄
FileOrCreate	如果指定路徑上什麼都不存在,那麼將在指定的路徑上根據需要創建空檔案,許可權設定為 0644,具有與 kubelet 相同的組和擁有者資訊
File	在指定路徑上必須存在的檔案
Socket	在指定路徑上必須存在的 UNIX 通訊端
CharDevice	在指定路徑上必須存在的字元裝置
BlockDevice	在指定路徑上必須存在的區塊裝置

configMap:configMap 提 供 了 向 Pod 注 入 設 定 資 料 的 方 法。 在 configMap 物件中儲存的資料可以被 configMap 類型的卷冊引用,然後被 Pod 中運行的容器化應用使用。引用 configMap 物件時,可以在 Volume 中透過它的名稱來引用。

```
apiVersion: v1
kind: Pod
metadata:
  name: configmap-pod
spec:
  containers:
    - name: test
      image: busybox
```

```
        volumeMounts:
          - name: config-vol
            mountPath: /etc/config
    volumes:
      - name: config-vol
        configMap:
          name: log-config
          items:
            - key: log_level
              path: log_level
```

2.3.5 使用 Kubernetes Deployment 架設 Ansible 實驗環境

在 Kubernetes 環境中啟動實驗環境需要編寫相關的設定檔，在開始設定之前，我們對 Kubernetes 的 Deployment 和 Service 設定方法進行簡單的介紹。

1. Deployment 與 Service

Pod、Deployment、Service 的關係如圖 2-5 所示。

在 Kubernetes 中，Pod 是最小的部署單元，Deployment 用於將多個 Pod 聚合起來，被 Deployment 聚合起來的 Pod 所曝露的通訊埠能夠使用 127.0.0.1 直接存取，Service 用於將 Deployment 的通訊埠對外進行曝露，也能讓不同 Deployment 之間的 Pod 透過 Service 的名稱互相存取。整體來説，在 Kubernetes 的世界裡，具備了很多 docker-compose 所不具備的進階特性，能夠讓我們的實驗環境更加真實，具備更加完整的模擬體驗，但也加大了實驗環境管理的複雜性。

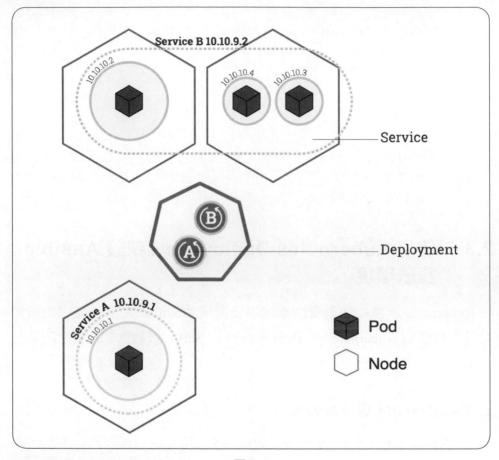

圖 2-5

（1）常見的 Deployment 設定方式。

```
apiVersion: apps/v1
kind: Deployment                        # 指定資源的類型為 Deployment
metadata:                               # 設定資源的中繼資料
  name: ansible                         # 資源的名稱
spec:
  replicas: 2                           # 備份數量
```

```
  selector:                    # 設定標籤選擇器
    matchLabels:
      app: ansible
  template:
    metadata:
      labels:                  # 設定 Pod 的標籤
        app: ansible
    spec:
      containers:
      - name: ansible          # 設定容器的名稱
        image: ansible         # 設定容器所使用的映像檔
        ports:
        - containerPort: 22    # 宣告容器對外曝露的通訊埠
```

（2）常見的 Service 設定方式。

```
apiVersion: v1
kind: Service                  # 指定資源的類型為 Service
metadata:
  name: ansible-svc            # Service 的名稱
  labels:
    name: ansible-svc
spec:
  ports:
  - port: 22                   # 宣告將 Service 的 22 通訊埠映射到 Pod 的 22 通訊埠
    targetPort: 22
    protocol: TCP
  selector:
    run: ansible               # 宣告此 Service 作用在 Ansible 上
```

2. 部署 Ansible 實驗環境

編寫以下內容並保存至 test.yml 檔案中，然後執行 kubectl apply -f ./test.yml 命令啟動實驗環境：

```
apiVersion: apps/v1
kind: Deployment
metadata:
  name: ansible
spec:
  selector:
    matchLabels:
      app: ansible
  replicas: 1
  template:
    metadata:
      labels:
        app: ansible
    spec:
      containers:
        - name: ansible
          image: ansible
          imagePullPolicy: IfNotPresent
          command: ["/bin/sh"]
          args: ["-c", "while true; do sleep 10;done"]
---
apiVersion: apps/v1
kind: Deployment
metadata:
  name: centos
spec:
  selector:
    matchLabels:
```

```
      app: centos
  replicas: 1
  template:
    metadata:
      labels:
        app: centos
    spec:
      containers:
        - name: centos
          image: centos:7
          imagePullPolicy: IfNotPresent
---
apiVersion: v1
kind: Service
metadata:
  name: centos-svc
spec:
  selector:
    app: centos
  ports:
  - protocol: TCP
    port: 22
    targetPort: 22
```

命令執行完畢後，檢查容器是否正常運行：

```
kubectl get po
```

```
[root@localhost workspaces]# kubectl get po
NAME                            READY   STATUS    RESTARTS   AGE
ansible-69f4c66d44-zvpqn        1/1     Running   0          2s
centos-67fbbd69fc-wf8sn         1/1     Running   0          2s
```

當看到 Ansible 和 CentOS 的容器都處於 Running 狀態時，實驗環境的部署就完成了。透過 kubectl exec 命令進入容器內部：

```
kubectl exec -it ansible-69f4c66d44-zvpqn bash
```

進入容器內部後，執行 ping centos-svc 命令，可以看到在 Ansible 的容器內，透過 centos-svc 主機名稱存取 CentOS 容器。此時，實驗環境已經準備接下來可以用 Ansible 操作名稱為 CentOS 的目標容器：

```
[root@ansible-69f4c66d44-zvpqn yum.repos.d]# ping centos-svc
PING centos-svc.default.svc.cluster.local (10.68.127.189) 56(84) bytes of data.
64 bytes from centos-svc.default.svc.cluster.local (10.68.127.189): icmp_seq=1 ttl=64 time=0.080 ms
64 bytes from centos-svc.default.svc.cluster.local (10.68.127.189): icmp_seq=2 ttl=64 time=0.066 ms
```

增加雙機互信：

```
ssh-keygen
```

```
Enter passphrase (empty for no passphrase):
Enter same passphrase again:
Your identification has been saved in /root/.ssh/id_rsa.
Your public key has been saved in /root/.ssh/id_rsa.pub.
The key fingerprint is:
SHA256:OyD/dRHCoSCvZk0TVQTQiHommb+XQaeGpnwYHZkXrUk root@ansible-69f4c66d44-dbc6h
The key's randomart image is:
+---[RSA 2048]----+
|    ..+*o++      |
|     .oEooo .    |
|    + +++. o .   |
|   = *+=..  . .  |
|    *==ooS   .   |
|   .o=o+. .      |
|  . = o.oo . .   |
|   + o o. o .    |
|    . . .        |
+----[SHA256]-----+
```

執行 ssh-copyid root@centos-svc 命令：

```
/usr/bin/ssh-copy-id: INFO: Source of key(s) to be installed: "/root/.ssh/id_rsa.pub"
The authenticity of host 'centos-svc (10.68.1.190)' can't be established.
ECDSA key fingerprint is SHA256:ju3iB4qFIoq2Gw8X2XBEyvULkw33S8cmoOG4UCd69AA.
ECDSA key fingerprint is MD5:87:c6:e2:f5:0f:cf:04:b4:26:f2:d5:82:81:29:45:35.
Are you sure you want to continue connecting (yes/no)? yes
/usr/bin/ssh-copy-id: INFO: attempting to log in with the new key(s), to filter out any that are already
 installed
/usr/bin/ssh-copy-id: INFO: 1 key(s) remain to be installed -- if you are prompted now it is to install
the new keys
root@centos-svc's password:

Number of key(s) added: 1

Now try logging into the machine, with:   "ssh 'root@centos-svc'"
and check to make sure that only the key(s) you wanted were added.
```

編輯 /etc/ansible/hosts 檔案，在尾端加入一行程式：

```
centos-svc
```

測試 Ansible 是否可用：

```
ansible all -m ping
```

```
[root@ansible-69f4c66d44-dbc6h yum.repos.d]# ansible all  m ping
centos-svc | SUCCESS => {
    "ansible_facts": {
        "discovered_interpreter_python": "/usr/bin/python"
    },
    "changed": false,
    "ping": "pong"
}
```

可用看到，此時已經能用 ansible 命令對 centos-svc 操作了。

3. 使用 Prometheus 架設指標監控系統

無論是自動化運行維護還是智慧化運行維護，都需要有基礎的資料來源，
而時間序列資料是非常重要的資料來源之一，本節我們採用 Kubernetes
快速架設一套 Prometheus 監控系統。

1）部署 Prometheus

整個部署檔案比較長，主要還是用的 Deployment 和 Service 兩個關鍵資源，但設定中多了 ConfigMap、ClusterRole、ServiceAccount 和 ClusterRoleBinding。其中，ConfigMap 定義了設定檔的內容，設定檔定義完成後，設定檔可以被掛載進入容器，這樣也就使得設定項目能夠更加靈活地被定義。而設定 ClusterRole、ServiceAccount 和 ClusterRoleBinding 是因為 Prometheus 需要存取 Kubernetes 裡面的資源，所以需要設定對應的帳號並開通許可權。

編寫 config.yml 檔案，定義 Prometheus 的設定檔：

```yaml
apiVersion: v1
kind: ConfigMap
metadata:
  name: prometheus-config
  namespace: default
data:
  prometheus.yml: |-
    global:
      scrape_interval:     15s
      evaluation_interval: 15s
    scrape_configs:
    - job_name: 'kubernetes-pods'
      kubernetes_sd_configs:
      - role: pod
      relabel_configs:
      - source_labels: [__meta_kubernetes_pod_annotation_prometheus_io_scrape]
        action: keep
        regex: true
      - source_labels: [__meta_kubernetes_pod_annotation_prometheus_io_
```

```
path]
        action: replace
        target_label: __metrics_path__
        regex: (.+)
      - source_labels: [__address__, __meta_kubernetes_pod_annotation_
prometheus_io_port]
        action: replace
        regex: ([^:]+)(?::\d+)?;(\d+)
        replacement: $1:$2
        target_label: __address__
      - action: labelmap
        regex: __meta_kubernetes_pod_label_(.+)
      - source_labels: [__meta_kubernetes_namespace]
        action: replace
        target_label: kubernetes_namespace
      - source_labels: [__meta_kubernetes_pod_name]
        action: replace
        target_label: kubernetes_pod_name
---
```

編寫 rbac.yml 檔案，使 Prometheus 具備在 Kubernetes 叢集內呼叫
Kubernetes 的能力：

```
apiVersion: rbac.authorization.k8s.io/v1beta1
kind: ClusterRole
metadata:
  name: prometheus
  namespace: default
rules:
- apiGroups: [""]
  resources:
    - nodes
    - nodes/proxy
```

```
    - services
    - endpoints
    - pods
    verbs: ["get", "list", "watch"]
- apiGroups:
    - extensions
    resources:
    - ingresses
    verbs: ["get", "list", "watch"]
- nonResourceURLs: ["/metrics"]
    verbs: ["get"]


---


apiVersion: v1
kind: ServiceAccount
metadata:
  name: prometheus
  namespace: default
---
apiVersion: rbac.authorization.k8s.io/v1beta1
kind: ClusterRoleBinding
metadata:
  name: prometheus
roleRef:
  apiGroup: rbac.authorization.k8s.io
  kind: ClusterRole
  name: prometheus
subjects:
- kind: ServiceAccount
  name: prometheus
  namespace: default
```

編寫 deployment.yml 檔案，部署 Prometheus：

```yaml
---
apiVersion: apps/v1
kind: Deployment
metadata:
  name: prometheus
  namespace: default
spec:
  selector:
    matchLabels:
      app: prometheus
  replicas: 1
  template:
    metadata:
      labels:
        app: prometheus
    spec:
      serviceAccountName: prometheus
      serviceAccount: prometheus
      volumes:
        - name: data
          hostPath:
            path: /home/data/nfs/prometheus
            type: DirectoryOrCreate
        - name: prometheus-config
          configMap:
            name: prometheus-config
      containers:
        - name: prometheus
          image: prom/prometheus
          imagePullPolicy: IfNotPresent
          volumeMounts:
```

```
        - name: data
          mountPath: /prometheus-data
          subPath: prometheus-data
        - name: prometheus-config
          mountPath: /etc/prometheus/
      ports:
        - containerPort: 9090
      command:
        - "/bin/prometheus"
      args:
        - "--config.file=/etc/prometheus/prometheus.yml"
        - "--web.external-url=http://127.0.0.1:9090/prometheus"
        - "--web.route-prefix=/prometheus"
---
apiVersion: v1
kind: Service
metadata:
  name: prometheus-svc
  namespace: default
spec:
  selector:
    app: prometheus
  type: NodePort
  ports:
  - protocol: TCP
    port: 9090
    targetPort: 9090
    nodePort: 9090
```

2）部署 node-exporter

node-exporter 能夠擷取系統的性能指標，如 CPU、記憶體、硬碟使用率等情況，由於部署 Prometheus 的時候設定了自動發現，所以部署 node-exporter 的時候，只需要啟動應用即可，Prometheus 會自動發現並抓取指標。

```
apiVersion: apps/v1
kind: DaemonSet
metadata:
  name: node-exporter
spec:
  selector:
    matchLabels:
      app: node-exporter
  template:
    metadata:
      labels:
        app: node-exporter
      name: node-exporter
      annotations:
        prometheus.io/scrape: 'true'
        prometheus.io/port: '9100'
        prometheus.io/path: '/metrics'
    spec:
      containers:
        - name: node-exporter
          image: prom/node-exporter
          imagePullPolicy: IfNotPresent
      hostNetwork: true
      hostPID: true
---
apiVersion: v1
kind: Service
metadata:
  name: node-exporter-svc
```

```
spec:
  selector:
    app: node-exporter

  ports:
  - protocol: TCP
    port: 9100
    targetPort: 9100
```

node-exporter 可以擷取主機層面的指標，而容器的資源使用率可以透過 cadvisor 進行擷取。和 node-exporter 一樣，由於已經設定了自動發現，所以只要將 cadvisor 啟動即可。

```
apiVersion: apps/v1
kind: DaemonSet
metadata:
  name: cadvisor-exporter
spec:
  selector:
    matchLabels:
      app: cadvisor-exporter
  template:
    metadata:
      labels:
        app: cadvisor-exporter
      name: cadvisor-exporter
      annotations:
        prometheus.io/scrape: 'true'
        prometheus.io/port: '8080'
        prometheus.io/path: '/metrics'
    spec:
      containers:
```

```
  - name: cadvisor
    image: google/cadvisor
    imagePullPolicy: IfNotPresent
    volumeMounts:
      - name: rootfs
        mountPath: /rootfs
      - name: var-run
        mountPath: /var/run
      - name: sys
        mountPath: /sys
      - name: docker
        mountPath: /var/lib/docker
      - name: disk
        mountPath: /dev/disk
  volumes:
    - name: rootfs
      hostPath:
        path: /
    - name: var-run
      hostPath:
        path: /var/run
    - name: sys
      hostPath:
        path: /sys
    - name: docker
      hostPath:
        path: /var/lib/docker
    - name: disk
      hostPath:
        path: /dev/disk
---
apiVersion: v1
```

```
kind: Service
metadata:
  name: cadvisor-exporter-svc
spec:
  selector:
    app: cadvisor-exporter

  ports:
  - protocol: TCP
    port: 8080
    targetPort: 8080
```

啟動 Prometheus 後，造訪 http://192.168.199.161:9090，點擊 Status 選單的 Targets 選項，可以看到監控用戶端已經正常運行，如圖 2-6 所示。

圖 2-6

點擊 Graph 選單，可以查看各個指標項的情況，如圖 2-7 所示。在以後的實驗中，可以使用 Prometheus 獲取時序指標作為實驗用的資料來源了。

圖 2 7

4. 使用 Loki 架設日誌擷取系統

提到日誌擷取，讀者肯定會想到 ELK（Elasticsearch、Logstash、Kibana 的字首組合），ELK 是一套非常成熟可靠的日誌擷取和分析方案，但有些時候，我們並不需要對日誌進行全文索引，並且我們期望以非常低的資源消耗完成對日誌的擷取、儲存，以及簡單的檢索，這時 Loki 是一個不錯的選擇。

Loki 是 Prometheus 團隊開放原始碼的一套支援水平擴充、高可用、多租戶的日誌聚合系統。它具有以下特點：

- 不對日誌進行全文索引，儲存的是經過壓縮後的非結構化日誌，只對索引中繼資料進行索引，具有非常明顯的成本優勢；

- Grafana 原生支援，提供了一套「開箱即用」的視覺化 UI；

- 非常適合儲存 Kubernetes Pod 的日誌。

接下來架設 Loki，首先安裝 Promtail，Promtail 是專門為 Loki 設計的 Agent，負責收集日誌並將其發送給 Loki。Promtail 的設定項目較多，我們使用 Helm 安裝 Promtail：

```
helm install promtail promtail --set "loki.serviceName=loki-svc"
```

Promtail 安裝完成後，安裝 Loki：

```
apiVersion: apps/v1
kind: Deployment
metadata:
  name: loki
spec:
  selector:
    matchLabels:
      app: loki
  replicas: 1
  template:
    metadata:
      labels:
        app: loki
    spec:
      containers:
      - name: loki
        image: grafana/loki
        ports:
        - containerPort: 3100
---
apiVersion: v1
kind: Service
metadata:
  name: loki-svc
spec:
```

```
  selector:
    app: loki
  ports:
  - protocol: TCP
    port: 3100
    targetPort: 3100
```

最後部署 Grafana，查看 Loki 中存放的日誌：

```
apiVersion: v1
kind: Service
metadata:
  name: grafana-svc
spec:
  selector:
    app: grafana
  type: NodePort
  ports:
  - protocol: TCP
    nodePort: 3000
    port: 3000
    targetPort: 3000
---
apiVersion: apps/v1
kind: Deployment
metadata:
  name: grafana
spec:
  selector:
    matchLabels:
      app: grafana
  replicas: 1
  template:
    metadata:
      labels:
```

```
      app: grafana
spec:
  volumes:
    - name: data
      hostPath:
        path: /home/data/grafana
        type: DirectoryOrCreate
  containers:
  - name: grafana
    image: grafana/grafana
    volumeMounts:
      - name: data
        mountPath: /var/lib/grafana
        subPath: data
    ports:
    - containerPort: 3000
```

Grafana 部署完成後，需要登入 Grafana 設定 Loki 的資料來源，如圖 2-8
所示。

圖 2-8

資料來源設定完成後，即可進入 Explore 介面查看擷取的日誌，如圖 2-9
所示。

圖 2-9

集中化運行維護利器——
Ansible

❯ 3.1 Ansible 基礎知識

3.1.1 主機納管── inventory

Ansible 中的被管理節點需要以清單的方式保存在一個檔案中,這個檔案被稱為 inventory 檔案。預設情況下,Ansible 會自動搜索 /etc/ansible/hosts 中的被管理節點清單。一個簡單的被管理節點清單範例如下:

```
green.example.com
blue.example.com
192.168.100.1
192.168.100.10

[webservers]
alpha.example.org
beta.example.org
192.168.1.100
192.168.1.110

[dbservers]
db01.intranet.mydomain.net
db02.intranet.mydomain.net
10.25.1.56
10.25.1.57

db-[99:101]-node.example.com
```

第 1 ～ 4 行宣告了 4 台未分組管理的被管理節點,透過範例可以看出被管理節點設定成 IP 位址或域名均可。

從第 6 行開始使用了兩個特殊章節標示 [webservers] 和 [dbservers]，這個章節標示在 Ansible 中稱為分組（Groups），類似於 Windows 中的 ini 設定檔方式一將資訊用 [Group Name] 的格式進行分組，分組後的被管理節點可以透過指定組名的方式來達到存取特定的被管理節點的目的。

> **注意**
>
> 如果被管理節點包含控制節點自身，則需要在 inventory 檔案對應的主機名稱或位址中增加行為參數 ansible_connection=local，告知 Ansible 不需要透過 SSH 連接而是直接存取本地主機，例如：
>
> ```
> 127.0.0.1 ansible_connection=local
> ```
> ## 或 ##
> ```
> localhost ansible_connection=local
> ```

> **建議**
>
> 在建構一個 Ansible 專案時，可以將 inventory 檔案放置在 Ansible 專案目錄或 Ansible 專案的 inventory 子目錄下。

1. 行為參數

Ansible inventory 檔案中可使用的行為參數如表 3-1 所示。

表 3-1

參數名稱	預設值	描述
ansible_host	無	SSH 存取的主機名稱或 IP 位址
ansible_port	22	SSH 存取的目標通訊埠
ansible_user	root	SSH 登入使用的用戶名
ansible_password	無	SSH 登入所使用的密碼
ansible_connection	smart	Ansible 使用何種連接模式連接到被管理節點
Ansible_private_key_file	無	SSH 使用的私密金鑰
ansible_shell_type	sh	命令所使用的 shell
ansible_python_interpreter	/usr/bin/python	被管理節點上的 Python 解譯器路徑
ansible_*_interpreter	無	非 Python 實現的自訂模組使用的語音解譯器路徑

以上行為參數大致上都可以透過描述檔案瞭解它的基本含義，但有幾個行為參數需要額外說明。

1）ansible_shell_type

前文中已經提過 Ansible 支持多種傳輸機制，這裡的傳輸機制具體是指 Ansible 連接到被管理節點的機制。預設值 smart 表示智慧傳輸模式。智慧傳輸模式會檢測本地安裝的 SSH 用戶端是否支持一個名為 ControlPersist 的特性。如果 SSH 本地用戶端支援該特性，那麼 Ansible 將使用本地 SSH 用戶端；如果本地 SSH 用戶端不支持該特性，那麼

Ansible 將使用一個名為 Paramiko 的 Python SSH 用戶端（對於舊版本的 OpenSSH 用戶端的相容性更好）。

2）ansible_shell_type

Ansible 建立遠端連接後，預設在被管理節點上使用路徑為 /bin/sh 的 Bourne shell，並且會生成適用於 Bourne shell 的命令列環境參數。但是 ansible_shell_type 還可使用 sh、fish 和 powershell 作為該參數的合法值。

3）ansble_python_interpreter

該參數呼叫被管理節點上的 /usr/bin/python 作為預設的 Python 解譯器，但是很多版本的 Linux 作業系統都已經使用 Python 3 作為系統預設的 Python 解譯器，這時就需要修改這個參數為 Python 3 解譯器所在的路徑，便於 Ansible 呼叫被管理節點上的 Python 3 解譯器作為 Ansible 模組在遠端執行的任務解譯器。

4）ansible_*_ interpreter

如果實現了非 Python 的自訂模組，則可以使用這個參數來指定解譯器的路徑（舉例來說，/usr/bin/perl）。

2. 組

在實際工作中，我們希望將任務內容相同的被管理節點放在一起管理並執行任務，這就是 inventory 檔案的分組功能。Ansible 預設實現了一個分組 all（或 *），這個分組包括 inventory 檔案中的所有被管理節點。前面已經提到，inventory 檔案支持自訂分組，Ansible inventory 檔案是 .ini 格式的，在 .ini 格式中使用 [ ] 將同類的設定值歸集到一起成為一個分組。前面已經展示了 inventory 檔案分組功能的一種實現方式，下面使用另外一種分組實現方式──先列出主機，再將它們加入特定的組中。範例如下：

```
green.example.com
blue.example.com
192.168.100.1
192.168.100.10
vagrant1 ansible_host=127.0.0.1 ansible_port=2200
vagrant2 ansible_host=127.0.0.1 ansible_port=2201
vagrant3 ansible_host=127.0.0.1 ansible_port=2202


[vagrant]
vagrant1
vagrant2
vagrant3
```

3. 別名

前面的 inventory 檔案定義中使用了別名，我們複習一下：

```
[vagrant]
vagrant1 ansible_host=127.0.0.1 ansible_port=2200
vagrant2 ansible_host=127.0.0.1 ansible_port=2201
vagrant3 ansible_host=127.0.0.1 ansible_port=2202
```

這裡的 vagrant1、vagrant2 和 vagrant3 就是別名，在一些特殊場景必須使用別名。舉例來説，這裡 inventory 檔案所演示的情況，三台 vagrant 虛擬機器在同時使用同一個 IP 位址不同的通訊埠的情況下，需要使用別名對主機加以區分。如果這裡不使用別名，則採用以下寫法：

```
[vagrant]
127.0.0.1:2200
```

```
127.0.0.1:2201
127.0.0.1:2202
```

在執行 Ansible 命令或 playbook 的時候，Ansible 只會操作 127.0.0.1:2202 這個被管理節點，並且會忽略 IP 位址為 127.0.0.1:2200 和 127.0.0.1:2201 的兩台主機。

注意

產生這個問題的原因是在被管理節點沒有使用別名的情況下，Ansible 只能以現有的 IP 位址或域名作為識別符號，相同的 IP 位址，由於載入的先後順序，只能留下 127.0.0.1:2202 這一個有效的被管理節點資訊，前面設定的兩個被管理節點的資訊被覆蓋了。

4. 被管理節點的序列化描述

前面的 inventory 檔案中有一個特別的主機描述：db-[99:101]-node. example.com。在 inventory 檔案中，這樣的設定描述了域名從 db-99-node.example.com 到 db-101-node.example.com 的 3 台被管理節點主機的資訊。這種設定描述方式非常適合主機的 IP 位址或域名有規律的場景。舉例來說，我們需要將 192.168.0.100 到 192.168.0.200 這個網段中所有的主機進行納管，就可以在 inventory 檔案中設定描述資訊為 192.168.0.[100:200]。除這兩種序列化描述方式外，常見的序列化描述方式範例如下：

```
## 描述了域名從 www.01.example.com 到 www.50.example.com 的 50 台主機 ##
www.[01:50].example.com
## 描述了域名從 db-a.example.com 到 db-f.example.com 的 6 台主機 ##
```

```
db-[a:f].example.com
## 描述了 IP 位址從 192.168.22.1 到 192.168.22.16 的 16 台主機 ##
192.169.22.[1:16]
```

5. inventory 中的變數定義

前面提到的行為參數，其實就是具有特殊意義的 Ansible 變數。在
inventory 檔案中，我們可以根據需要任意地指定變數名稱並進行設定值
操作。整體來說，變數名稱的指定和設定值可以分為針對被管理節點的
主機變數和針對被管理節點組的組變數。範例如下：

```
mysql.example.com color=red
oracle.example.com color=yellow
postgre.example.com color=green


[vagrant]
vagrant1 ansible_host=127.0.0.1 ansible_port=2200
vagrant2 ansible_host=127.0.0.1 ansible_port=2201
vagrant3 ansible_host=127.0.0.1 ansible_port=2202


[vagrant:vars]
ansible_user=vagrant
ansible_private_key_file=~/.vagrant.d/insecure_private_key


[all:vars]
db_host=10.172.3.6
db_port=5432
db_name=db_demo
db_user=client
db_password=P@ssw0rd
```

- [all:vars] 段中設定的變數是對整個 inventory 檔案中所有被管理節點都有效的,也就是説,所有被管理節點都可以使用 [all:vars] 中的變數資訊,[all:vars] 類似於軟體設計中的全域變數的概念。

- [vagrant:vars] 段中的變數僅限於 [vargrant] 組中的所有被管理節點使用。[vagrant:vars] 類似於軟體設計中的物件的私有變數的概念。

- mysql.example.com color=red 中的變數 color 僅能提供給被管理節點 mysql.example.com 使用;即使變數名稱相同,但是不同的被管理節點存取 color 變數時得到的佰卻大不相同。

3.1.2 動態 inventory(dynamic inventory)

前面我們明確地描述了 inventory 檔案的定義方式和注意事項。但是日常使用中被管理節點可能運行在虛擬化平台或公有雲端平台上,而且數量巨大。舉例來説,VMWare vCenter、OpenStack、公有雲端服務商(阿里雲、騰訊雲、華為雲等)。或已經使用設定管理資料庫(CMDB)記錄了工作環境中的所有主機資訊,也是因為數量巨大而不希望手動將這些主機資訊增加到 inventory 檔案中。因為在手動增加的過程中很難保證這些資料和外部檔案的一致性。因此 Ansible 提供了動態 inventory 功能來避免出現手動複製的過程。

不同於靜態 inventory 檔案,動態 inventory 檔案需要先設定檔案的可執行標示,當 Ansible 檢查到 inventory 檔案被標記為可執行狀態後,會假設這是一個動態 inventory 指令稿,並且嘗試執行它,而非嘗試讀取它的內容。

因為篇幅有限，此處就不多作說明動態 inventory 檔案，相關介紹可透過 Ansible 官網了解詳情：

- Working with dynamic inventory【連結 1】；

- Developing dynamic inventory【連結 2】；

- Using VMware dynamic inventory plugin【連結 3】。

 注意

如果需要將多個 inventory 檔案結合起來使用，甚至需要將靜態和動態 inventory 檔案任意組合使用，那麼只需要將這些 inventory 檔案統一放到一個指定的目錄中，並且告知 Ansible 使用這個目錄即可。Ansible 會自動處理這個目錄中的所有 inventory 檔案，併合並為一個完整的 inventory 檔案。

告知 Ansible 使用 inventory 的方法主要有兩種：

（1）修改 ansible.cfg 檔案，例如：

```
[defaults]
inventory=~/project/inventories
```

（2）在命令列中使用 -i 參數，例如：

```
ansible all -i ~/project/invertories/ -m ping
```

3.2 在命令列中執行 Ansible

在了解了主機資產的設定方法之後，我們先把 /etc/ansible/hosts 中的內容清空，加入以下資訊，表明我們需要使用用戶名為 root、密碼為 1q2w3e4r 的帳號去對 IP 位址為 192.168.41.139 的主機操作：

```
192.168.41.139 ansible_ssh_user=root ansible_ssh_pass=1q2w3e4r
```

設定完成後，我們輸出第一筆命令：

```
ansible all -a "echo HelloWorld"
```

我們期望目標主機返回 HelloWorld 的結果，但實際上 Ansible 的執行卻卡在了詢問是否記錄 SSH 金鑰的位置：

```
paramiko: The authenticity of host '192.168.41.139' can't be established.
The ssh-rsa key fingerprint is 75c4c8af474a9ecbae1e32d3o3550306.
Are you sure you want to continue connecting (yes/no)?
```

這是由於 Ansible 檢查伺服器存放的 SSH-KEY 造成的，因為我們沒有增加雙機互信，所以 Ansible 就卡在了詢問是否記錄 SSH 金鑰的位置了。我們可以透過修改設定檔的方式來解決這個問題，不要讓 Ansible 對 SSH-KEY 進行檢查就可以了。修改設定檔 /etc/ansible/ansible.cfg，把 host_key_checking = False 這一句的註釋去掉，再執行一次上面的命令，就能得到正確的結果了。

```
192.168.41.139 | success | rc=0 >>
HelloWorld
```

3.2.1 指定目標主機

Ansible 命令的基本語法格式如下所示。其中，pattern 參數宣告了需要操作的目標主機，module_name 宣告了需要使用的模組是哪一個，最後一個參數 arguments 用於傳遞參數給模組。

```
ansible <pattern > -m <module_name> -a <arguments>
```

指定所有的主機：

```
ansible all -m shell -a "uptime"
```

指定特定的主機組（同時操作 webservers 和 dbservers 組中的主機）：

```
ansible webservers:dbservers -m shell -a "uptime"
```

排除指定的主機組（排除 webservers 組中所有在 phoenix 組中的主機）：

```
ansible webservers:!phoenix -m shell -a "uptime"
```

指定同時存在於兩個組中的主機（操作同時存在於 webservers 和 staging 兩個組中的主機）：

```
ansible webservers:&staging -m shell -a "uptime"
```

複合條件：

```
ansible webservers:dbservers:&staging:!phoenix -m shell -a "uptime"
```

採用正規表示法指定主機：

```
ansible one*.com:dbservers -m shell -a "uptime"
```

3.2.2 常用命令範例

以下的範例主要是為了讓讀者對 Ansible 的常用模組有一個大概的了解，
讀者可以在自己的環境中親自驗證，有一個大致的印象就可以了。

1. 命令執行

```
## 重新啟動主機 ##
ansible all -a "/sbin/reboot" -f 10
## shell 模組 ##
ansible all -m shell -a 'echo $TERM'
## 底層 SSH 模組 ##
ansible all  -m raw -a "hostname --fqdn"
```

2. 檔案操作

```
## 下發檔案：##
ansible all -m copy -a "src=/etc/hosts dest=/tmp/hosts"
## 為檔案指定指定的許可權：##
ansible all -m file -a "dest=b.txt mode=600 owner=demo group=demo"
## 創建資料夾：##
ansible all -m file -a "dest=/path/to/c mode=644 owner=mdehaan
group=mdehaan state=directory"
## 刪除檔案：##
ansible all -m file -a "dest=/path/to/c state=absent"
```

3. 套件管理模組

```
## 使用 YUM 來源進行安裝：##
ansible webservers -m yum -a "name=acme state=installed"
## 安裝指定版本的套件：##
```

```
ansible webservers -m yum -a "name=acme-1.5 state=installed"
```
安裝最新版本的安裝套件：##
```
ansible webservers -m yum -a "name=acme state=latest"
```
移除安裝套件：##
```
ansible webservers -m yum -a "name=acme state=removed"
```

4. 使用者管理

新增使用者：##
```
ansible all -m user -a "name=demo password=1q2w3e4r"
```
刪除使用者：##
```
ansible all -m user -a "name=foo state=absent"
```

5. 版本管理

使用 Git 拉取檔案：##
```
ansible all -m git -a "repo=git://demo/repo.git dest=/srv/myapp
version=HEAD"
```

6. 服務管理

啟動服務：##
```
ansible webservers -m service -a "name=httpd state=started"
```
重新啟動服務：##
```
ansible webservers -m service -a "name=httpd state=restarted"
```
停止服務：##
```
ansible webservers -m service -a "name=httpd state=stopped"
```

7. 後台管理

啟動一個執行 360 秒的後台作業：##
```
ansible all -B 360 -a "/usr/bin/long_running_operation --do-stuff"
```

```
## 檢查作業狀態：##
ansible all -m async_status -a "jid=1311"
## 後台運行 1800 秒，每 60 秒檢查一次作業狀態：##
ansible all -B 1800 -P 60 -a "/usr/bin/long_running_operation --do-stuff"
```

8. 裝置資訊查詢

```
## 獲取裝置的資訊列表：##
ansiblc all -m setup
```

> 3.3 Ansible 常用模組

Ansible 有許多現成的模組可供我們選用，我們可以使用 "ansible-doc -l" 命令查看 Ansible 內建的模組，下面僅對幾個常用的模組介紹，並對每個模組的使用場景做一些簡要的說明。其餘模組可查看 Ansible 文件說明頁面。

> 🔑 **說明**
>
> 從 Ansible 2.10 開始，Ansible 調整了 Ansible 模組、外掛程式的發佈方式，引入了 Ansible Collections 的概念，將單一的模組函數庫分類歸到了 Collection 中，詳細說明和注意事項詳見：Ansible Collections Overview。

3.3.1 檔案管理模組

1. 檔案組裝模組——assemble

assemble 模組用於把多份設定檔片段組裝成一份設定檔，當我們需要對不同的主機分配不同的設定檔時，可以考慮使用此模組，組裝的方式如圖 3-1 所示。

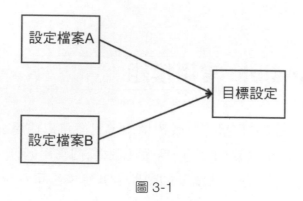

圖 3-1

舉例來說，將 /root/demo 下的片段檔案組裝後放到 /root/target 目錄下。

```
ansible all -m assemble -a 'dest=/root/target src=/root/demo'
```

assemble 模組參數及說明如表 3-2 所示。

表 3-2

參數	是否必選項	預設值	可選值	說明
backup	否	no	yes/no	是否需要備份原始檔案
delimiter	否	—	—	設定檔片段之間的分隔符號
dest	是	—	—	生成路徑

參數	是否必選項	預設值	可選值	說明
other	否	—	—	檔案模組參數
src	是	—	—	片段資料夾路徑

2. 檔案複製模組—— copy

檔案複製模組常用於做集中下發的動作，如果被管理節點主機上裝有 SELinux，那麼我們還需要在目標主機上安裝 libselinux-python 模組才能使用 copy 模組。

 注意

SELinux 是一種基於域一類型模型（domain-type）的強制存取控制（MAC）安全系統，它由 NSA 編寫並設計成核心模組包含到核心中，對應的某些安全相關的應用也被打了 SELinux 的更新。最後還有一個對應的安全性原則，任何程式對其資源享有完全的控制權。假設某個程式打算把含有潛在重要資訊的檔案放到 /tmp 目錄下，那麼在 DAC 情況下沒人能阻止它。SELinux 提供了比傳統的 UNIX 許可權更好的存取控制。

使用 copy 模組下發檔案，如圖 3-2 所示。

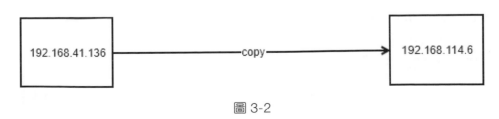

圖 3-2

舉例來說，將 /root/demo/copydemo.txt 複製到所有主機的 /root 目錄下。

```
ansible all -m copy -a 'dest=/root src=/root/demo/copydemo.txt'
```

copy 模組參數及說明如表 3-3 所示。

表 3-3

參數	是否必填	預設值	選項	說明
backup	否	no	yes/no	是否備份原始檔案
content	否	—	—	當用 content 代替 src 參數時，可以把文件的內容設定為特定的值
dest	是	—	—	檔案複製的目的地
force	否	no	yes/no	是否覆蓋
others	否	—	—	檔案模組參數
src	否	—	—	複製的原始檔案
validate	否	—	—	複製前是否檢驗需要複製目的地的路徑

3. 檔案拉取模組——fetch

fetch 模組和 copy 模組類似，都是對檔案進行複製，但 fetch 模組的作用是把被管理節點的檔案批次地複製到主機上，可以看作一個檔案上傳的動作。使用 fetch 模組抓取檔案，如圖 3-3 所示。

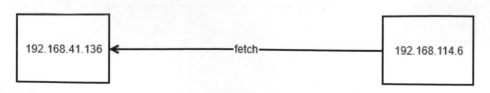

圖 3-3

例如將遠端機器的 /etc/salt/minion 檔案收集回主機的 /root/demo 目錄下。

```
ansible all -m fetch -a 'dest=/root/demo src=/etc/salt/minion'
```

fetch 模組參數及說明如表 3-4 所示。

表 3-4

參數	是否必填	預設值	選項	說明
dest	是	—	—	檔案存放路徑，假如存放路徑是 /backup，複製的原始檔案為 /etc/profilc，目標主機名稱是 host，那麼檔案就會被存放在 /backup/host/etc/profilc 下
Fail_on_missing	否	no	yes/no	假如找不到目的檔案則標記為失敗
flat	否	—	—	用於覆載原有的 dest 存放規則
validate_md5	否	no	yes/no	是否用 md5 進行檔案的驗證
src	是	—	—	目的檔案路徑

4. 檔案管理模組——file

檔案自身有許多屬性，如修改檔案所屬的使用者群組、檔案所屬的使用者、是否需要刪除檔案，這些都是我們平常需要使用的功能，而 file 模組就是為完成上述功能而準備的。

舉例來說，刪除所有主機下的 /root/copydemo.txt 檔案。

```
ansible all -m file -a 'path=/root/copydemo.txt state=absent'
```

file 模組參數及說明如表 3-5 所示。

表 3-5

參數	是否必填	預設值	選項	說明
force	否	no	yes/no	是否覆蓋原有檔案
group	否	—	—	檔案屬於的使用者群組
mode	否	—	—	檔案的讀 / 寫許可權
owner	否	—	—	檔案屬於的使用者
path	是	—	—	檔案路徑
recurse	否	no	yes/no	是否遞迴設定屬性
selevel	否	s0	—	SELinux 的等級
serole	否	—	—	SELinux 的角色
setype	否	—	—	SELinux 的類型
seuser	否	—	—	SELinux 的使用者
src	否	—	—	檔案連結路徑
state	否	file	file/link/directory/hard/touch/absent	如果值為 directory，則創建資料夾；如果值為 file，則創建檔案；如果值為 link，則創建連結；如果值為 hard，則創建硬連結；如果值為 touch，則創建一份檔案；如果值為 absent，則刪除檔案

5. ini 檔案管理模組──ini

ini 檔案是十分常見的一種設定檔，Ansible 內建了 ini 設定檔的管理模組，用於對 ini 檔案進行設定項目的管理。

 說明

ini 檔案由節（section）、參數（key=value）和註釋組成，格式如下：

```
[section]
key=value ;this is commnet
```

舉例來說，修改 /root/demo.ini 設定檔，找到檔案中 selection 為 cron 的選項群組，修改 crontime 選項，把 cron 的值修改為 10。

```
ansible all -m ini -a 'dest=/root/demo.ini section=cron option=crontime
value=10'
```

ini 模組參數及說明如表 3-6 所示。

表 3-6

參數	是否必填	預設值	選項	說明
backup	否	no	yes/no	是否創建備份檔案
dest	是	—	—	ini 檔案路徑
option	否	—	—	ini 檔案的鍵選項
others	否	—	—	檔案模組的其他參數
section	是	—	—	選中 ini 的變數名稱
value	否	—	—	ini 變數的值

3.3.2 命令執行模組

1. 命令執行模組——command

command 模組用於在指定的主機上執行命令。值得注意的是，command 模組執行的命令是獲取不到 $HOME 這樣的環境變數的，一些運算子如 ">"、"<"、"|" 在 command 模組上也是不能使用的。

```
ansible all -m command -a 'uptime'
```

command 模組參數及說明如表 3-7 所示。

表 3-7

參數	是否必填	預設值	選項	說明
chdir	否	—	—	執行命令前先進入某個目錄
creates	否	—	—	一個檔案名稱，假如檔案名稱已經存在，則不會執行此步驟
executable	否	—	—	改變執行命令所用的 shell
free_form	是	—	—	需要執行的指令
removes	否	—	—	一個檔案名稱，假如不存在該檔案，則不會執行此步驟

2. command 模組的增強——shell

前面提到 command 模組是不支援運算子的，也不支持管道這樣的運算符號。假設我們需要獲取 mysql 處理程序的相關資訊，使用 command 模組的操作如下：

```
ansible all -m command -a 'ps -ef|grep mysql'
```

執行上面的命令後，Ansible 會發出不支持運算符號的提示，而 shell 模組就支援常見的 shell 語法的相關組合能力，可以視為對 command 模組的功能增強。使用 shell 模組獲取 mysql 處理程序相關資訊的方法如下：

```
ansible all -m shell -a 'ps -ef|grep mysql'
```

shell 模組參數及說明表 3-8 所示。

表 3-8

參數	是否必填	預設值	選項	說明
chdir	否	—	—	執行命令前先進入某個目錄
creates	否	—	—	一個檔案名稱，假如檔案名稱已經存在，則不會執行此步驟
free_form	是	—	—	需要執行的指令
removes	否	—	—	一個檔案名稱，假如不存在該檔案，則不會執行此步驟

3. 指令稿執行模組──script

很多時候執行單筆命令並不能滿足我們的需求，我們需要在目標主機上執行一系列命令。這種情況下我們可以考慮把多筆命令寫成指令稿，然後透過 Ansible 的檔案管理模組把指令稿下發到目標主機上。接著使用 script 模組執行指令稿，得到我們所期望的結果。需要注意的是，執行的指令稿是在管理主機上存在的指令稿。

舉例來說，我們已經透過 copy 模組把一份巡檢指令稿下發到了主機上，並且用 file 模組完成了對指令檔的授權。

inspection.sh 指令稿的內容如下：

```
#!/bin/bash
phy_cpu='cat /proc/cpuinfo |grep "physical id"|sort |uniq|wc -l'
logic_cpu_num='cat /proc/cpuinfo |grep "processor"|wc -l'
cpu_core_num='cat /proc/cpuinfo |grep "cores"|uniq|awk -F: '{print $2}''
cpu_freq='cat /proc/cpuinfo |grep MHz |uniq |awk -F: '{print $2}''
system_core='uname -r'
system_version='head -n 1 /etc/issue'
system_hostname='hostname'
system_envirement_variables='env |grep PATH'
mem_free='grep MemFree /proc/meminfo'
disk_usage='df -h'
system_uptime='uptime'
system_load='cat /proc/loadavg'
system_ip='ifconfig |grep "inet addr"|grep -v "127.0.0.1" |awk -F:
'{print $2}' |awk '{print $1}''
mem_info=`/usr/sbin/dmidecode | grep -A 16 "Memory Device" | grep -E
"Size|Locator" | grep -v Bank'
mem_total='grep MemTotal /proc/meminfo'

day01='date +%Y'
day02='date +%m'
day03='date +%d'

path=inspection.txt
echo -e "">$path
echo -e       $day01 年 $day02 月 $day03 系統巡檢報告 >> $path
echo -e 伺服器 IP 位址："\t"$system_ip >> $path
```

```
echo -e 主機名稱："\t"$system_hostname >> $path
echo -e 系統核心："\t" $system_core >> $path
echo -e 作業系統版本："\t" $system_version >> $path
echo -e 磁碟使用情況："\t""\t" $disk_usage >> $path
echo -e CPU 核心數："\t" $cpu_core_num >> $path
echo -e 物理 CPU 個數："\t" $phy_cpu >> $path
echo -e 邏輯 CPU 個數："\t" $logic_cpu_num >> $path
echo -e CPU 的主頻："\t" $cpu_freq >> $path
echo -e 系統環境變數："\t" $system_envirement_var >> $path
echo -e 記憶體簡要資訊："\t" $mem_info >> $path
echo -e 記憶體總大小："\t" $mem_total >> $path
echo -e 記憶體空閒："\t" $mem_free >> $path
echo -e 時間 / 系統執行時間 / 當前登入使用者 / 系統過去 1 分鐘 /5 分鐘 /15 分鐘內
平均負載 /"\t"
$system_uptime >> $path
echo -e 1 分鐘 /5 分鐘 /15 分鐘平均負載 / 什取樣時刻，運行任務的數目 / 系統活躍
任務的個數 / 最大的 pid 值執行緒 / "\t" $system_load >> $path
```

可以看到整份指令稿的命令數量是比較多的，採用 shell 模組或 command
模組都無法極佳地完成這個巡檢任務。這時我們可以用 script 模組完成主
機的批次巡檢。

```
ansible all -M script -a '/root/demo/inspection.sh'
```

script 模組參數及說明如表 3-9 所示。

表 3-9

參數	是否必填	預設值	選項	說明
free_form	是	—	—	需要執行的指令稿

4. SSH 命令執行模組——raw

Ansible 雖然不需要安裝用戶端，但是內建的模組大多需要用戶端上有 Python 環境或具備某些 Python 擴充才能夠執行。假設我們管理的裝置上沒有 Python 環境，那麼 Ansible 的很多模組都用不了，但是又想執行一些簡單的命令，怎麼辦呢？這時我們就可以使用 raw 模組了，這個模組是直接透過 SSH 的方式而非透過 Python 的方式對目標主機操作的。

舉例來說，我們可以透過 raw 模組直接執行一些簡單的命令。

```
ansible all -m raw -a 'ip a'
```

raw 模組的參數及說明如表 3-10 所示。

表 3-10

參數	是否必填	預設值	選項	說明
executable	否	—	—	改變執行命令所用的 shell
free_form	是	—	—	需要執行的指令

3.3.3 網路相關模組

1. 下載模組——get_url

get_url 模組用於下載網路上的檔案。

舉例來說，下載電子工業出版社的首頁。

```
ansible all -m get_url -a 'dest=/root url=http://www.phei.com.cn'
```

get_url 模組參數及說明如表 3-11 所示。

表 3-11

參數	是否必填	預設值	選項	說明
dest	是	—	—	檔案下載路徑
force	否	no	yes/no	是否覆蓋
others	否	—	—	檔案模組的其他參數
sha256sum	否	—	—	是否採用 SHA-256 校正碼
url	是	—	—	下載檔案的目標路徑
use_proxy	否	no	yes/no	是否使用代理

2. Web 請求模組——uri

uri 模組主要用於發送 HTTP 協定，透過使用 uri 模組，我們可以讓目標主機向指定的網站發送如 Get、Post 這樣的 HTTP 請求，並且能得到返回的狀態碼。

uri 模組參數及其說明如表 3-12 所示。

表 3-12

參數	是否必填	預設值	選項	說明
HEADER_	否	—	—	HTTP 表頭
Body	否	—	—	HTTP 訊息體
Creates	否	—	—	檔案名稱
Dest	否	—	—	檔案下載路徑

參數	是否必填	預設值	選項	說明
follow_redirects	否	no	yes/no	uri 模組是否應該遵循所有的重新導向
force_basic_auth	否	no	yes/no	強制在發送請求前發送身份驗證
method	否	GET	GET/POST/PUT/HEAD/DELETE/OPTIONS	HTTP 方法
others	否	—	—	檔案模組參數
password	否	—	—	密碼
removes	否	—	—	需要刪除的檔案名稱
return_content	否	no	yes/no	返回內容
status_code	否	200	—	狀態碼
timeout	否	30	—	逾時限制
url	是	—	—	URL 位址
user	否	—	—	用戶名

3.3.4 程式管理模組

1. Git

當我們需要將檔案集中下發的時候，除了可以用 copy 這樣的方式，其實還可以用原始程式管理模組來實現。

> Git 是 Linus Torvalds 為了幫助管理 Linux 核心而開發的開放原始程式的版本控制系統。Torvalds 開始著手開發 Git 是為了身為過渡方案來替代 BitKeeper，後者之前一直是 Linux 核心開發人員在全球使用的主要原始程式碼工具。開放原始碼社區中的有些人覺得 BitKeeper 的許可證並不適合開放原始碼社區的工作，因此 Torvalds 決定著手研究許可證更為靈活的版本控制系統。

在了解 Git 模組所提供的功能之前，我們先快速地了解一下 Git 這款工具。它與傳統的集中式版本管理工具不一樣，它有本地倉庫這個概念，Git 版本管理模式如圖 3-4 所示。

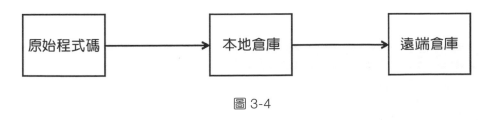

圖 3-4

每當我們提交資料的時候，都會先提交到本地倉庫，再提交到遠端倉庫。正因為有了本地倉庫這一概念，使得 Git 可以脫離伺服器進行版本的控制，等到需要提交或網路能連接上伺服器的時候，再在本地倉庫執行一次批次提交的操作。提交到本地倉庫的動作叫作 commit，從本地倉庫提交到伺服器上的動作叫作 push，而從伺服器上拉取最新版本的動作叫作 pull，Git 工作流如圖 3-5 所示。

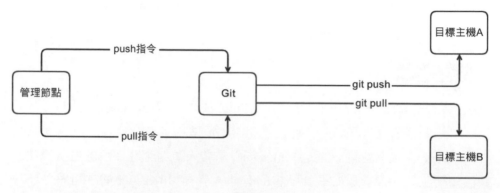

圖 3-5

首先，我們在管理節點上把需要下發的檔案 "commit" 到本地，然後透過 push 操作將檔案傳送到遠端的 Git，接著透過 Git 模組命令目標主機執行 pull 命令。透過這樣一系列的操作，完成檔案從管理節點到目標主機的傳輸過程。

Git 模組參數及說明如表 3-13 所示。

表 3-13

參數	是否必填	預設值	選項	說明
depth	否	—	—	創建一個淺複製歷史階段到指定的版本
dest	是	—	—	程式複製的位置
executable	否	—	—	Git 的可執行路徑
force	否	no	yes/no	是否強制更新

參數	是否必填	預設值	選項	說明
remote	否	origin	—	遠端的版本
repo	是	—	—	倉庫位址
update	否	no	yes/no	是否更新遠端倉庫
version	否	HEAD	—	遷出的版本

3.3.5 套件管理模組

Ansible 支援多種套件管理模組，由於篇幅有限，此處僅以 APT 和 YUM 為例。

1. APT

Advanced Packaging Tool（APT）是 Linux 下的一款安裝套件管理工具。透過使用 APT，我們可以非常容易地完成軟體的安裝。

舉例來說，使用 APT 模組安裝 JDK。

```
ansible all -m apt -a 'name=openjdk-8-jdk state=latest install_
recommends=no'
```

APT 模組參數及說明如表 3-14 所示。

表 3-14

參數	是否必填	預設值	選項	說明
cache_valid_time	否	—	—	驗證快取是否過期
default_release	否	—	—	等於 apt –t

參數	是否必填	預設值	選項	說明
force	否	no	yes/no	是否強制更新或刪除
install_recommends	否	true	yes/no	等於apt –no-install-recommends
pkg	否	—	—	包名
purge	否	—	yes/no	移除後是否清除設定檔
state	否	present	latest/absent/present	更新、刪除、安裝套件
update_cache	否	—	—	安裝前是否更新快取
upgrade	否	yes	yes/safe/full/dist	safe 等於 safe-upgrade；full 等於 full-upgrade；dist 等於 dist-upgrade

2. YUM

YUM（全稱為 Yellow dog Updater，Modified）是一個在運行在 Fedora、Red Hat 和 CentOS 中的 shell 前端軟體套件管理器。使用 YUM 管理 RPM 套件，能夠從指定的伺服器自動下載 RPM 套件並安裝，可以自動處理依賴性關係，並且一次性安裝所有依賴的軟體套件，無須繁瑣地一次次下載、安裝。

舉例來說，使用 YUM 模組安裝最新的 httpd。

```
ansible all -m yum -a 'name=httpd state=latest'
```

YUM 模組參數及說明如表 3-15 所示。

表 3-15

參數	是否必填	預設值	選項	說明
conf_file	否	—	—	YUM 設定檔
disable_gpg_check	否	no	yes/no	是否開啟 GPG 檢查
disablerepo	否	—	—	禁用的倉庫
enablerepo	否	—	—	啟用的倉庫
list	否	—	—	非冪等性命令
name	是	—		套件名
state	否	present	present/latest/absent	安裝、更新、移除操作

3.3.6 系統管理模組

Ansible 提供了豐富的系統管理模組，本節我們介紹在工作中使用頻率比較高的部分管理模組。想要進一步了解更多系統管理模組的功能資訊，可以查詢 Ansible 官方文件：

- Ansible.Builtin【連結 4】；
- Ansible.Netcommon【連結 5】；
- Ansible.Posix【連結 6】；
- Ansible.Windows【連結 7】。

1. 計畫任務管理模組——cron 模組

在 Linux 系統中，推薦使用 crontab 實現定時計畫任務，按照 crontab 所需要的格式設定相關參數，系統就會按照設定自動對作業進行定期排程。

打開 /etc/crontab 檔案，每一行都代表一項任務，每個欄位代表一項設定，它有七個欄位（如果不指定執行計畫任務所屬使用者，則系統自動預設使用者為 root），前五個欄位是時間設定段，第六個欄位是要執行的命令段，格式如下：

```
# Example of job definition:
# .---------------- minute (0 - 59)
# |  .------------- hour (0 - 23)
# |  |  .---------- day of month (1 - 31)
# |  |  |  .------- month (1 - 12) OR jan,feb,mar,apr ...
# |  |  |  |  .---- day of week (0 - 6) (Sunday=0 or 7) OR
#                   sun,mon,tue,wed,thu,fri,sat
# |  |  |  |  |
# *  *  *  *  * user-name  command to be executed
```

- minute 表示分鐘，可以是從 0 到 59 之間的任何整數；

- hour 表示小時，可以是從 0 到 23 之間的任何整數；

- day 表示日期，可以是從 1 到 31 之間的任何整數；

- month 表示月份，可以是從 1 到 12 之間的任何整數；

- week 表示星期幾，可以是從 0 到 7 之間的任何整數，這裡的 0 或 7 代表星期日；

- command 是要執行的命令，既可以是系統命令，也可以是自己編寫的指令檔。

舉例來說，我們需要每分鐘執行一次命令，那麼可以在 crontab 中加入以下設定：

```
* * * * * command
```

當管理的主機數目比較多的時候，人工到每台主機上執行 crontab 的設定操作顯然並不高效，這時我們就可以使用 Ansible 的 cron 模組了。

舉例來說，每天 8 點進行 MySQL 資料庫的備份操作。

```
ansible all -m cron -a 'name=demo hour=8 job= mysqldump -uroot -pxxxx
demo>demo.sql'
```

cron 模組參數及說明如表 3-16 所示。

表 3-16

參數	是否必填	預設值	選項	說明
backup	否	—	—	修改前是否備份
cron_file	否	—	—	cron 定義檔案，如果指定了則讀取這份檔案，不會讀取使用者的 cron.d 檔案
day	否	*	—	天
hour	否	*	—	小時
minute	否	*	—	分鐘
month	否	*	—	月
weekday	否	*	—	星期幾
job	否	—	—	執行的命令

參數	是否必填	預設值	選項	說明
name	否	—	—	對作業的描述
reboot	否	no	yes/no	重新啟動後是否需要執行
special_time	否	—	reboot/yearly/annually/ monthly/ weekly/daily/hourly	特定的執行時間
state	否	present	present/absent	啟用或停用作業
user	否	root	—	執行作業的使用者

2. 使用者群組管理模組——group

使用 group 模組可以對主機進行批次的使用者群組增加或刪除操作。

舉例來說，為主機批次增加 Zabbix 使用者群組。

```
ansible all -m group -a 'name=zabbix state=present'
```

group 模組參數及說明如表 3-17 所示。

表 3-17

參數	是否必填	預設值	選項	說明
gid	否	—	—	使用者群組的 GID
name	是	—	—	使用者群組的名字
state	否	present	present/absent	新增 / 刪除
system	否	no	yes/no	是否為系統組

3. 使用者管理模組——user

user 模組可以用於對目標主機進行批次的使用者管理操作。

舉例來說，移除所有主機上的 Zabbix 使用者。

```
ansible all -m group -a 'name=zabbix state=absent remove=yes'
```

user 模組參數及對應說明如表 3-18 所示。

表 3-18

參數	是否必填	預設值	選項	說明
append	否		—	增加到組
comment	否	—	—	使用者帳戶的描述
createhome	否	no	yes/no	是否創建 home 目錄
force	否	no	yes/no	是否強制操作
generate_ssh_key	否	no	yes/no	是否生成 SSH 金鑰
group	否	—	—	使用者群組
groups	否	—	—	以逗點分隔的使用者群組
home	否	—	—	home 目錄
login_class	否	—	—	可以設定使用者登入類 FreeBSD、OpenBSD 和 NetBSD 系統
name	是			用戶名
non_unique	否	no	yes/no	相當於 useradd –u

參數	是否必填	預設值	選項	說明
password	否	—	—	密碼
remove	否	no	yes/no	相當於 userdel –remove
shell	否	—	—	該使用者的 shell
ssh_key_bits	否	2048	—	金鑰的位數
ssh_key+comment	否	ansible-generated	—	金鑰的說明
ssh_key_file	否	$HOME/.ssh/id_rsa	—	金鑰的檔案名稱
ssh_key_passphrase	否	—	—	SSH 金鑰的密碼
ssh_key+type	否	rsa	—	SSH 金鑰的類型
state	否	present	present/absent	新增 / 刪除
system	否	no	yes/no	設定為系統帳號
uid	否	—	—	使用者的 UID
update_password	否	always	always/on_create	是否需要更新密碼

4. 服務管理模組──service

service 模組可以幫助我們批次對服務操作。

舉例來説，批次重新啟動 httpd 服務。

```
ansible all -m group -a 'name=httpd state=restarted'
```

service 模組參數及相關參數如表 3-19 所示。

表 3-19

參數	是否必填	預設值	選項	說明
arguments	否	—	—	參數
enabled	否	—	yes/no	開機自啟動
name	是	—	—	服務名稱
pattern	否	—	—	如果服務沒回應,則可查看是否具有指定參數的處理程序,有則認為服務已經啟動
runlevel	否	dcfault	—	OpenRC init 指令稿
sleep	否	—	—	如果服務被重新開機,則睡眠很多秒後再執行停止和啟動命令
state	否	—	started/stopped/ restarted/reloaded	服務的狀態

5. 系統資訊模組——setup

setup 模組可以獲取主機的許多資訊,比如這台主機的 IP 位址是多少,主機有哪些環境變數,它是承載在什麼樣的虛擬化平台之上的。我們在後續編寫 Playbook 的時候就會經常使用 setup 模組查詢主機的資訊。

舉例來説,獲取主機設定的資訊:

```
ansible all -m setup
```

setup 模組參數及說明如表 3-20 所示。

表 3-20

參數	是否必填	預設值	選項	說明
fact_path	否	/etc/ansible/facts.d	—	fact 的路徑
filter	否	*	—	篩檢程式

3.3.7 文件動態繪製與設定模組

這裡的動態繪製是指在工作中,根據主機資訊的變化對應地調整在這台主機上部署的應用系統的部分設定資訊,如主機的 IP 位址或主機名稱等,這種情況多發生在叢集化部署或主機資訊收集等場景。針對這樣的應用場景,Ansible 推薦使用 template 模組對設定檔或資訊擷取檔案進行動態繪製。

template 模組參數及說明如表 3-21 所示。

表 3-21

參數	是否必填	預設值	選項	說明
src	是	—	—	範本檔案的來源路徑,可以是相對路徑或絕對路徑。該檔案必須使用 UTF-8 或相容格式,但 output_encoding 可以用於控制輸出範本檔案的編碼
dest	是	—	—	將範本檔案傳輸到遠端電腦上並繪製後範本檔案存放的位置,需要使用絕對路徑

參數	是否必填	預設值	選項	說明
backup	否	no	yes/no	創建一個包含時間戳記的備份檔案，以便在出現故障時進行恢復
force	否	no	yes/no	如果目的檔案存在，則確定是否對目的檔案進行覆蓋 yes——如果目的檔案存在，則覆蓋遠端的目的檔案 no——僅在目的檔案不存在的情況下，才傳輸範本檔案到遠端
mode	否	—		繪製後的檔案或目錄應具有的許可權。注意：如果使用八進位數表示許可權，則需要在傳統描述方式之前增加一個前導 0。舉例來說，644 → 0644。這是因為 YAML 解譯器需要用 0 作為前導值才會被辨識為八進位數
group	否	任務執行使用的帳號對應的預設使用者組	—	指定該檔案的所群組
owner	否	任務執行使用的帳號對應的預設使用者	—	指定該檔案的所有者

3.4 自動化作業任務的實現—Ansible Playbook

Playbook 是 Ansible 實現自動化任務的重要組成部分，採用 YAML 語言定義。與前面介紹的 CLI 命令行使用單一模組執行單一任務不同，Playbook 主要透過 YAML 定義，將多個單一的模組功能串聯起來，形成完整的自動化批次處理能力。透過使用 Playbook，可以將 Ansible 的自動化作業場景推廣到更廣闊的任務場景中。

3.4.1 Playbook 範例

下面是使用 Playbook 安裝 Nginx 伺服器的範例：

```
---
- name: playbook demo
  hosts: all
  gather_facts: false
  remote_user: remote_user
  become: true
  become_user: root
  become_method: su
  become_password: P@ssw0rd
  tasks:
    - name: Install / Update nginx server
      yum:
        - pkg: nginx
          state: latest
    - name: Config nginx server
      template:
```

```
        - src: webserver.conf.j2
          dest: /etc/nginx/conf.d/webserver.conf
    - name: start nignx sservice
        - service:
          name: nginx
          enabled: yes
          state: started
```

3.4.2 常用的 Playbook 結構

根據任務需要，Playbook 可以由四大部分任意組合組成，分別為：

- 目標定義區塊（target section）——定義簡要執行 Playbook 的被管理節點組及附屬資訊；

- 變數定義區塊（variable section）——定義 Playbook 執行時期需要使用的變數；

- 任務定義區塊（task section）——定義將要在被管理節點上執行的任務列表；

- 觸發器定義區塊（handler section）——定義 task 執行完成後需要呼叫的任務。

1. 目標定義區塊（target section）

target section 主要用於存放 Playbook 所屬任務的目標及其相關附屬資訊，包括但不限於表 3-22 中的參數。

表 3-22

參數	是否必填	預設值	選項	說明
hosts	是	—	—	執行本次任務的被控節點所群組，可以使用前面提到的集合方式指定被控制節點集合
remote_user	否	root	—	登入到被控制節點所使用的帳號
become	否	no	yes / no	設定為 yes，即告知 Ansible 登入被控制節點後，需要進行提權操作
become_mothod	否	sudo	sudo su doas pbrun pfexec dzdo ksu machinectl	提權操作使用的方法
become_user	否	—	—	提權操作的目標帳號，需要配合命令列參數 --ask_become_password 或金鑰變數檔案使用
port	否	22	—	連接被控制節點所需要的通訊埠
gather_facts	否	true	true / false	收集被控節點的 fact 資訊

參數	是否必填	預設值	選項	說明
forks	否	5	—	Ansible 中一個 SSH 連接為一個分支，預設 Ansible 會同時創建 5 個分支。分支數量越多，消耗的 CPU 和記憶體資源會對應增加。可借鏡 Ansbile Tower 的建議按以下公式計算 Ansible 控制節點的最大分支數量：Ansible 每個分支預計需要消耗 100MB 記憶體，所以記憶體與分支的需求關係為：（記憶體總量 -2048）/100。舉例來說，Ansible 控制節點實際實體記憶體為 8GB，最大分支數 =（8192-2048）/100 ≈ 61。Ansible 每 4 個分支預計需要消耗 1 個 CPU 核心（1 core），所以 CPU 與分支的需求關係為：（CPU 總核心數 -1×4。舉例來說，CPU 總核心數為 4，預留 1 核心保證作業系統的正常運行，最大分支數 =(4-1)×7=21
connection	否	ssh	kubectl wrm paramikossh local vmwaretools ssh oc docker buildah ……	與被控制節點建立遠端通訊連接的方式。Ansible 目前支援 26 種遠端連接方式，因篇幅有限，文中僅列出了常用的集中遠端連接方式。如有興趣進一步了解 Ansible 支援的連接方式，可以在部署了 Ansible 系統的裝置中使用以下命令進一步了解詳情：ansible-doc -t connection -l

2. 任務定義區塊（task section）

一個完整的 Playbook 對任務內容的定義應以關鍵字 tasks 為區塊的開頭，區塊中可呼叫系統附帶的 Ansible 模組或自訂的 Ansible 模組。範例如下：

```
---
- name: install and start apache
  gather_facts: false
  hosts: web
  tasks:
    = name: install apache packages
      yum:
        name: httpd
        state: latest
    - name: start apache service
      service:
        name: httpe
        state: started
        enabled: yes
```

3. 觸發器定義區塊（handler section）

handler 是 Ansible 提供的一種條件控制機制實現方式，但它並不是唯一的條件控制機制，它類似於程式設計中觸發器或回呼函數的實現機制，通常需要和關鍵字 notify 配套使用，notify 在 task 中宣告，以確保條件觸發的時候 Ansible 會呼叫 handler section 中對應的任務內容。

以下展示了 handler section 的使用方式：

```
---
- name: Verify apache installation
  hosts: webservers
  vars:
    http_port: 80
    max_clients: 200
  remote_user: root
  tasks:
  - name: Ensure apache is at the latest version
    ansible.builtin.yum:
      name: httpd
      state: latest

  - name: Write the apache config file
    ansible.builtin.template:
      src: /srv/httpd.j2
      dest: /etc/httpd.conf
    notify:
    - Restart apache

  - name: Ensure apache is running
    ansible.builtin.service:
      name: httpd
      state: started

  handlers:
    - name: Restart apache
      ansible.builtin.service:
        name: httpd
        state: restarted
```

注意

按照官方文件的描述，handler 適用於在系統上進行更改的場合。結合範例分析，主要用途是重新啟動服務或重新啟動機器。

預設情況下 handler 只會在所有 task 執行完成後才會被執行，哪怕被通知了多次，也只會被呼叫一次。舉例來說，在 task 中多次修改了 Apache 的設定檔並通知重新啟動 Apache 服務，此時 Ansible 僅會重新啟動 Apache 一次，以避免不必要的重複啟動。

如果需要將觸發器執行環節調整為 task 任務執行完成前執行 handler 中的任務，則可使用 meta 模組設定範例如下：

```
tasks:
  - name: Write the apache config file
    ansible.builtin.template:
      src: /srv/httpd.j2
      dest: /etc/httpd.conf
    notify:
      - Restart apache

  - name: Flush Handlers
    meta: flush_handlers

  - name: Some other tasks
    ......

handler:
  - name: Restart apache
    ansible.builtin.service:
      name: httpd
      state: restarted
```

在一個完整的 Playbook 中，可能需要根據不同的任務觸發不同的任務內容，這時可以使用關鍵字 listen 為觸發器指定一個主題，task 可以按主題名進行通知，例如：

```
handlers:
  - name: Restart memcached
    ansible.builtin.service:
      name: memcached
      state: restarted
    listen: "restart memcache services"

  - name: Restart apache
    ansible.builtin.service:
      name: apache
      state: restarted
    listen: "restart web services"

tasks:
  - name: Restart everything
    ansible.builtin.command: echo "this task will restart the web services"
    notify: "restart web services"
```

這裡需要注意的是，觸發程式始終按照 task 觸發定義的先後順序運行，而非按照觸發器定義區塊中定義的先後順序；對於使用 listen 的處理流程也是如此。

更多關於觸發器的詳細說明可參考 Ansible 官方文件：Handlers: running operations on change。

3.4.3 變數的使用

我們僅剩下變數定義區塊（variable section）沒有說明，由於變數定義區塊部分涉及 Playbook 中的變數定義和使用部分，為了便於讀者瞭解，需要整體介紹 Ansible Playbook 中變數的使用，所以我們將變數定義區塊（variable section）納入本節進行講解。

在實際工作中，很多剛上手編寫 Ansible Playbook 的使用者都曾問過筆者一個類似的問題，Playbook 中保存下來的變數會不會因為新的被管理節點的資料改變而被刷新了？

首先，必須要建立的概念就是 Ansible 使用變數來管理不同系統之間的差異。也就是說，針對不同的被管理節點，即使指定的變數名稱相同，獲得的結果也可能存在差異，所以變數和被管理節點的關係是一一對應的。其次，Ansible 對變數的定義要求非常靈活，變數可以被定義在 Playbook、inventory、可重複使用的檔案、角色 roles 或命令列中，甚至可以將 Playbook 中一個或多個模組返回值透過關機鍵字 register 來創建一個新變數。

1. 有效的變數名稱

Ansible 的變數名稱只能包含字母、數字和底線，且變數名稱不能以數字開頭。Python 關鍵字和 Playbook 關鍵字都不能作為有效的變數名稱。另外，Ansible 允許使用底線作為變數名稱的開頭，但是在 Ansible 中以底線開頭的變數和其他變數完全是相同的。不要因為在部分程式語言中，以底線開頭的變數多為私有變數，就錯誤地將 Ansible 中變數的概念混為一談。

2. 定義變數

■ 在 inventory 檔案中定義變數

　詳見 3.1.1 節。

■ 在 Playbook 中定義變數

　在 Playbook 中定義變數，一般都會將變數放置在變數定義區塊（variable section）中，使用關鍵字 vars 識別欄位出變數定義區塊（variable section）所在的位置，例如：

```
---
- hosts: web
  gather_facts: false
  vars:
    https_port: 443
    ssh_port: 60022
  tasks:
    ......
```

■ 在可重複使用的變數檔案或角色 roles 中定義變數

　為了避免敏感資訊洩露，可以將相關的敏感資訊定義到一個可重複使用的變數檔案中，從而保證敏感資訊和 Playbook 的分離。透過這種方式可以保證分享 Playbook 時不會導致敏感資訊的洩露。

　Playbook 如下：

```
---
- hosts: team01
  remote_user: access
  become: true
  become_user: root
```

```
become_method: su
vars_files:
  - ./vars/external_vars.yml
tasks:
  ......
```

external_vars.yml 如下：

```
---
become_password: P@ssw0rd
other_var: other_value
```

- 在命令列中定義變數

  在命令列狀態下，可以使用 --extra-vars 或 -e 參數傳遞變數。使用 Ansible 命令列傳遞變數時，可接受 JSON 字串或 key=value 鍵值對。

  key=value 鍵值對：

```
ansible-playbook release.yml --extra-vars "version=1.23.45 other_variable
=foo"
```

注意

該方法傳遞的值將被統一解釋為字串類類型資料。如果需要傳遞非字串資料（例如：布林值、整數、浮點數、串列等），則建議使用 JSON 格式。

JSON 字串格式：

```
ansible-playbook release.yml -e '{"version":"1.23.45","other_variable":
"foo"}'
```

3. 在 Playbook 中註冊一個變數

在任務支援過程中，經常需要將某個 task 的輸出結果作為新一個 task 執行的判定條件或參數，這時就需要我們使用關鍵字 register 將 task 輸出結果創建為一個變數，便於在後續任務中使用。

```
---
- hosts: web
  gather_facts: false
  tasks:
    - name: Execute commond
      shell: echo 'test_'`< /dev/urandom tr -dc '1234567890!@#$%^qwertQWE
RTasdfgASDFGzxcvbZXCVB' | head -c 8`'120'
      register: result

    - debug:
        msg: result

    - debug: msg="{{ resutl.stdout }}"
```

注意

（1）已註冊的變數儲存在記憶體中與伺服器資訊相對應，僅對本次任務中剩餘 task 有效。無論 task 執行結果是失敗或被跳過，Ansible 都會自動註冊一個該變數，只是該變數的狀態是失敗或跳過。除非這個 task 是基於標籤 tags 的跳過。

（2）當在一個迴圈任務中註冊了一個變數後，該註冊的變數包含迴圈中每一個項目的值，且變數中的資料庫都將包含一個 results 屬性值，這個屬性包含任務模組的所有回應清單。

4. 引用變數

簡單的變數可以使用 {{ variable_name }} 的方式實現對變數的引用，但
是遇到透過關鍵字 register 註冊的變數或需要應用系統 fact 變數時，它們
的返回結果集是巢狀結構 YAML 或 JSON 的資料結構，如果要存取這些
巢狀結構結構中的值，則需要用以下方式進行存取：

```
{{ result.stdout }}
```

或

```
{{ ansible_facts["eth0"]["ipv4"]["address"] }}
```

5. 特殊的系統變數——fact

在工作任務中，我們通常需要嘗試探測和獲取被管理節點的一些相關資
訊，Ansible 自動提供了這樣的探測功能，與遠端系統資訊相關的變數在
Ansible 中統稱為 fact。在 Ansible 系統中，可以使用 ansbile_facts 變數存
取這些資料。

 注意

> 預設情況下可以使用 ansible_ 字首將一些 Ansible fact 作為頂級變數進行
> 存取，例如：
>
> ```
> {{ ansible_all_ipv4_addresses[0] }}
> ```

由於遠端被管理節點的差異，Ansible fact 包含大量的可變資料，如果
需要參考了解 Ansible fact，則可查詢 Ansible 官方文件：Discovering
variables: facts and magic variables。

> 🔧 **注意**
>
> 在 Playbook 中如未特別説明，會預設收集遠端被管理節點資訊。這在針對不需要使用 fact 的任務中會帶來較長的資訊收集等待時間，為了省去這個資訊收集的過程，可以在目標定義區塊（target section）中部分顯性地宣告 gather_facts: false，即可禁用 fact 的擷取過程。

6. 變數呼叫的先後順序

Ansible 的變數可以在很多地方被宣告，如果不小心在設定過程中同時宣告了一個名稱相同變數，則會導致名稱相同變數的覆蓋問題。Ansible 官方文件羅列了 22 種變數的覆蓋場景，場景編號越大，被覆蓋的優先順序越小。為了節省篇幅就不再重複羅列，詳情可查詢官方文件：Understanding variable precedence。

3.4.4 條件陳述式

對伺服器進行批次操作時，我們需要根據不同的情況進行不同的操作。這時就需要用到 PlayBook 的條件判斷功能。舉例來說，當運行的前置命令成功了，才執行後續的命令。或是針對不同的作業系統、不同的 IP 位址段執行不同的操作。為了達到這些目的，需要具備一些條件判斷的功能，而 Ansible 提供了關鍵字 when 來實現非常強大的條件功能供我們使用。

舉例來說，需要關閉所有作業系統為 CentOS 的被管理節點：

```
---
- tasks:
  - name: "shutdown CentOS flavored systems"
```

```
    command: /sbin/shutdown -t now
    when: {{ ansbile_os_family }} == "CentOS"
```

when 敘述還可以和 Jinja2 的篩檢程式配合使用，例如：

```
---
- tasks:
    - command: /bin/false
      register: result
      ignore_errors: true
    - shell: do_something.sh
      when: {{ result | failed }}
```

when 敘述還可以判斷變數是否被定義，例如：

```
---
- tasks:
    - shell: echo "I've got '{{ foo }}' and I am not afraid to use it"
      when: foo is defind

    - debug: msg="Bailing out: this play requires 'bar'"
      when: bar is defind
```

3.4.5 迴圈控制

Ansible Playbook 中可使用多種迴圈控制的寫法。

1. 常見的寫法

```
- name: add several users
  user: name={{ item }} state=present groups=wheel
  with_items:
    - testuser1
    - testuser2
```

2. 用 Hash 表做迴圈變數

```
- name: add several users
  user: name={{ item.name }} state=present groups={{ item.groups }}
  with_items:
    - { name: 'testuser1', groups: 'wheel' }
    - { name: 'testuser2', groups: 'root' }
```

3. 把檔案名稱作為變數迴圈

```
---
- hosts: all
  tasks:
    - file: dest=/etc/fooapp state=directory
    - copy: src={{ item }} dest=/etc/fooapp/ owner=root mode=600
      with_fileglob:
        - /playbooks/files/fooapp/*
```

4. 複合變數迴圈

假如變數的格式如下：

```
---
- alpha: [ 'a', 'b', 'c', 'd' ]
  numbers:  [ 1, 2, 3, 4 ]
```

執行迴圈邏輯的時候期望傳入的變數為 (a,1) (b,2) 這樣的組合，則可以採用以下的方法：

```
---
- tasks:
    - debug: msg="{{ item.0 }} and {{ item.1 }}"
      with_together:
        - alpha
        - numbers
```

5. 步進變數迴圈

迴圈的變數為整數，如 i=0;i<100;i++ 這種情況：

```
---
- hosts: all
  tasks:
    - group: name=evens state=present
    - group: name=odds state=present

    - user: name={{ item }} state=present groups=evens
      with_sequence: start=0 end=32 format=testuser%02x

    - file: dest=/var/stuff/{{ item }} state=directory
      with_sequence: start=4 end=16 stride=2

    - group: name=group{{ item }} state=present
      with_sequence: count=4
```

6. 隨機變數迴圈

```
- debug: msg={{ item }}
  with_random_choice:
    - "go through the door"
    - "drink from the goblet"
    - "press the red button"
    - "do nothing"
```

7. Do-Until 類型的迴圈

```
- action: shell /usr/bin/foo
  register: result
  until: result.stdout.find("all systems go") != -1
  retries: 5
  delay: 10
```

3.4.6 include 語法

前面主要介紹了在編寫 Ansible Playbook 時常用的語法和相關功能模組，借鏡早期的模組化程式設計思想，將一個完整的任務放在單一的 Playbook 檔案中會導致檔案長度過大，而且還很難實現程式重複利用的目標。為此，Ansible 提供了多種程式重複使用的實現方式，關鍵字 include 就是其中一種簡單的實現方式。

簡單的 include 用法：

```
---
  tasks:
    - include: tasks/foo.yml
```

引用設定檔的同時傳入變數：

```
---
- tasks:
    - include: a.yml user=timmy
    - include: b.yml user=alice
    - include: c.yml user=bob
```

3.4.7 Ansible Playbook 的角色 roles

角色 roles 是 Playbook 結構化程式的另一種重要實現方式，透過規範的目錄存放結構有效地將任務和被管理節點資訊分離，透過一個個獨立的 role 目錄將不同的 Playbook 任務單一化，從而實現高效的程式重複使用的目標。

1. roles 的目錄結構

Ansible roles 需要特定的目錄結構，其中有七個主要的標準目錄，每個 role 必須至少包含這些目錄之一，用不到的目錄可以忽略不設定。例如：

```
[root@gitlab ansible_roles]# tree -a
.
├── hosts
│   └── inventory
├── library
│   └── other_module.py
├── roles
│   ├── export_results
│   │   ├── tasks
│   │   │   └── main.yml
│   │   └── vars
│   │       └── main.yml
│   └── health_check
│       ├── defaults
│       │   └── main.yml
│       ├── files
│       │   └── main.yml
│       ├── handlers
│       │   └── main.yml
│       ├── library
│       │   └── my_module.py
│       ├── meta
│       │   └── main.yml
│       ├── tasks
│       │   └── main.yml
│       ├── templates
│       │   └── main.yml
│       └── vars
│           └── main.yml
└── site.yml
```

預設情況下，Ansible 將在 roles 中自動尋找每個目錄中以 main.yml、main.yaml 和 main 命名的檔案，並讀取其中的內容。上面的目錄結構範例中各個目錄結構的説明如下：

- site.yml —— roles 的整體編排檔案；

- hosts/inventory ——存放被管理節點資訊；

- library/other_module.py ——存放使用者自訂 Ansible 模組；

- roles/ ——存放 Playbook 中需要用到的各個角色 roles 模組；

  - m health_check/——角色 roles 模組名稱，在 Playbook 中需要呼叫時使用的名稱；

    - tasks/main.yml——角色 roles 執行的主要任務列表；

    - handlers/main.yml——處理常式，可以在此角色 roles 內部或外部使用；

    - library/my_module.py —— 可以在該角色 roles 中使用的 Ansible 自訂模組；

    - defaults/main.yml —— 角色 roles 的預設變數；

    - vars/main.yml —— 角色 roles 的其他變數；

    - files/main.yml —— 角色 roles 部署的檔案；

    - templates/main.yml —— 角色 roles 部署的範本；

    - meta/main.yml —— 角色 roles 的中繼資料，包括角色依賴性。

2. 呼叫 roles

在 Playbook 中可以透過以下三種方式實現 roles 的呼叫：

- 在整個任務編排檔案中直接使用關鍵字 roles 呼叫角色 roles，這種方式是最典型的角色 roles 呼叫方式；

- 在 tasks 中使用關鍵字 include_role 動態呼叫角色 roles；

- 在 tasks 中使用關鍵字 import_role 靜態呼叫角色 roles。

3. 使用 roles 關鍵字呼叫角色 roles

```
---
- hosts: webservers
  roles:
    - common
    - webservers
```

4. 使用 include_role 關鍵字呼叫角色 roles

```
---
- hosts: webservers
  tasks:
    - name: Include the some_role role
      include_role:
        name: some_role
      when: "ansible_facts['os_family'] == 'RedHat'"
```

5. 使用 import_role 關鍵字呼叫角色 roles

```
---
- hosts: webservers
  tasks:
    - name: Print a message
      ansible.builtin.debug:
        msg: "before we run our role"
```

```
- name: Import the example role
  import_role:
    name: example

- name: Print a message
  ansible.builtin.debug:
    msg: "after we ran our role"
```

6. 詳細說明

上述範例程式均引用自 Ansible 官方文件，更多關於角色 roles 的介紹，可透過 Ansible 官方文件了解詳細資訊：Roles。

> 3.5 金鑰管理方案：ansible-vault

透過前面的介紹，是否一直有一種擔心——在開發 Playbook 的過程中很容易導致敏感性資料的曝露？為了解決這個問題，Ansible 提供了命令列工具 ansible-vault 來對資料檔案進行加解密操作，從而更加有效地保護敏感性資料。

我們可以使用以下兩種方式創建一個新的加密檔案：

```
ansible-vault encrypt secrets.yml
ansible-vault create secrets.yml
```

系統將提示輸入密碼，然後透過系統的環境變數 $EDITOR 啟動系統所指定的文字編輯器，以便輸入需要被加密的資訊。如果沒有指定環境變數，則預設會啟動 vim 編輯器。

在 Playbook 中，可以在變數定義區塊（variable section）中使用關鍵字 vars_files 直接引用加密後的 secrets.yml 檔案。在執行 Playbook 時，僅需要針對 ansible-playbook 命令增加 --ask-vault-pass 或 --vault-password-file <file_name> 參數，Playbook 即可對 ansible-vault 命令進行自動解密。

常用的 ansible-vault 命令及說明如表 3-23 所示。

表 3-23

命令	說明
ansible-vault encrypt file.yml	加密純文字檔案 file.yml。如果檔案不存在則創建一個檔案
ansible-vault decrypt file.yml	解密被加密後的檔案 file.yml
ansible-vault view file.yml	查看加密檔案 file.yml 的內容
ansible-vault create file.yml	創建一個新的加密檔案 file.yml
ansible-vault edit file.yml	編輯加密檔案 file.yml
ansible-vault rekey file.yml	修改加密檔案 file.yml 的密碼

❯ 3.6 使用 Ansible 的 API

Ansible 除了有直接命令呼叫、PlayBook 呼叫的方式，還支援直接透過 API 呼叫的方式，這種呼叫方式主要是針對開發者而設計的。

簡單呼叫：

```python
#!/usr/bin/python

import ansible.runner

runner = ansible.runner.Runner(
    module_name='ping',
    module_args='',
    pattern='web*',
    forks=10
)

datastructure = runner.run()
```

呼叫成功後，Ansible 會返回 JSON 格式的字串。

獲取所有伺服器的啟停資訊：

```python
#!/usr/bin/python

import ansible.runner
import sys

results = ansible.runner.Runner(
    pattern='*', forks=10,
    module_name='command', module_args='/usr/bin/uptime',
).run()

if results is None:
    print "No hosts found"
    sys.exit(1)

for (hostname, result) in results['contacted'].items():
```

```
if not 'failed' in result:
  print "%s >>> %s" % (hostname, result['stdout'])

print "FAILED *******"

for (hostname, result) in results['contacted'].items():
  if 'failed' in result:
    print "%s >>> %s" % (hostname, result['msg'])

print "DOWN *********"

for (hostname, result) in results['dark'].items():
  print "%s >>> %s" % (hostname, result)
```

3.7 Ansible 的優點與缺點

1. Ansible 的優點

Ansible 從誕生之初迭代至今，已經形成了比較完備的生態環境，可使用多種連接方式管理各種作業系統、網路裝置和雲端運算平台。Ansible 具備以下優點：

（1）部署成本極低：不需要對被管理的目標主機安裝 Agent 是一件十分愜意的事情。

（2）沒有 Agent 更新的問題：正因為 Ansible 是無 Agent 的集中化運行維護軟體，所以它也就沒有 Agent 更新的問題，極大地簡化了 Agent 維護成本。

（3）學習成本低：Ansible 的操作方式中大量現成的模組減少了我們不少工作量，命令式的操作想法與正常的命令列操作想法十分類似，讓使用者非常容易接受。

（4）完備的模組：擁有許多現成的模組，涵蓋了許多日常運行維護所需要的功能。

2. Ansible 的缺點

事情總是有兩面性的，目前 Ansible 最大的缺點在於：目標主機需要 Python 解譯器；Ansible 之所以會有 raw 這個 SSH 模組，就是為了解決使用 Ansible 操作目標主機時，目標主機缺少對應 Python 模組的問題。在日常接觸到的作業系統中，我們運行維護的 AIX 系統和 Ubuntu 系統預設沒有安裝 Python 環境，更別說其他 Python 模組了。為了更進一步地納管這些作業系統，就需要我們在這幾類作業系統中手動部署 Python 環境。

自動化運行維護

第 3 章介紹 Ansible 時曾提到，Ansible 目前以 SSH 為主，已經廣泛支援多種連接方式，可以採用無 Agent 的方式來納管更多的被管理節點，這為 Ansible 提供了更廣泛的適用場景。為了後續敘述方便，本章暫時將自動化運行維護場景聚焦於 Linux 系統。

4.1 Ansible 在自動化運行維護中的應用

4.1.1 ansible_fact 快取

ansible_fact 這個特殊的變數主要用於在記憶體中保存遠端被管理節點中的伺服器資訊資料。在實際工作中，已知被管理節點資訊變化不大的情況下，每次使用 Playbook 執行任務，都要收集一次被管理節點的資訊資料就顯得低效且無意義。我們可以使用 fact 的快取設定將這些資訊和資料集保存下來，供其他應用程式呼叫。Ansible 主要支援的 fact 快取方式如表 4-1 所示。

表 4-1

快取方式	說明
jsonfile	以 JSON 格式將 fact 資料快取到檔案中
mongodb	將 fact 資料快取到 MongoDB 中
redis	將 fact 資料快取到 Redis 中
yaml	以 YAML 格式將 fact 資料快取到檔案中
memory	將 fact 保存在記憶體中，預設方式

快取方式	說明
pickle	以 Pickle 格式將 fact 資料快取到檔案中
memcached	將 fact 資料快取到 memcached DB 中

1. 設定 JSON 快取

和變數設定值一樣，Ansible 支援多種方式設定 fact 快取功能。這裡推薦在 Playbook 同級目錄下創建一個 ansible.cfg 類來設定 fact 快取。JSON 快取檔案的設定資訊如下：

```
[defaults]
fact_caching=jsonfile
fact_caching_connection=~/fact_caching/
```

這裡的關鍵字 fact_caching_connection 需要設定的是存放 fact 快取檔案的路徑，既可以是絕對路徑，也可以是相對路徑。

2. 設定 Redis 快取

```
[defaults]
fact_caching=redis
fact_caching_connection=localhost:6379
fact_caching_timeout=86400
```

這裡的關鍵字 fact_caching_connection 需要設定的是一個以 ":" 分隔用於連接資訊的字串，格式為：[:][:]。

關鍵字 fact_caching_timeout 是指快取資料的故障時間，單位為秒。86400 是系統預設的快取資料故障時間。

3. 設定 MongoDB 快取

```
[defaults]
fact_caching=mongodb
fact_caching_connection=mongodb://mongodb0.example.com:27017
```

這裡的關鍵字 fact_caching_connection 需要設定的是一個 MongoDB 資料庫連接字串。

4.1.2 ansible_fact 資訊範本

為了便於讀者瞭解後續內容,這裡引用 Ansible 官方網站中的 ansible_fact 資訊描述範例,該範例以 JSON 格式展示 ansible_fact 中一個被控制節點的資訊。

注意:根據作業系統的不同,該資訊範本也存在差異,建議提前收集相關被控制節點的 ansible_fact 資訊並進行比較。詳細範本資訊格式如下:

```
{
    "ansible_all_ipv4_addresses": [
        "REDACTED IP ADDRESS"
    ],
    "ansible_all_ipv6_addresses": [
        "REDACTED IPV6 ADDRESS"
    ],
    "ansible_apparmor": {
        "status": "disabled"
    },
     // ……
    "ansible_userspace_architecture": "x86_64",
    "ansible_userspace_bits": "64",
```

```
    "ansible_virtualization_role": "guest",
    "ansible_virtualization_type": "xen",
    "gather_subset": [
        "all"
    ],
    "module_setup": true
}
```

透過這個範例範本，可以發現 ansible_fact 記錄了非常詳細的被管理節點資訊，甚至包括部分硬體資訊、系統組態資訊、作業系統類型、版本資訊等。因此，我們在很多自動化運行維護任務中可以直接使用這部分資訊。後續的章節中「磁碟掛載點檢查」的功能就可以直接使用 ansible_fact 中關於磁碟掛載點的資料資訊。

4.1.3 載入 fact

使用快取的目的在於可以在需要重複使用伺服器資訊的時候能夠迅速存取這些伺服器的 fact 資訊，重新載入方法如下：

```
{{ hostvars['server_a.example.com']['ansible_facts']['os_family'] }}
```

4.1.4 set_fact 的使用

在運行維護任務中，常常希望把一些擷取到的資料變數像 fact 一樣被保存下來，便於我們可以跨 Playbook 使用。這時可以使用 set_fact 關鍵字宣告哪些變數需要被保存。變數可以直接被寫入 fact 快取，例如：

```
- name: Setting facts so that they will be persisted in the fact cache
  set_fact:
    one_fact: something
```

```
other_fact: "{{ local_var * 2 }}"
cacheable: yes
```

這裡的關鍵字 cacheable 就是用於告知 Ansible 如果 Playbook 啟用了快取，則將 set_fact 中設定的記憶體變數轉存到指定的持久化快取中。如果沒有這個關鍵字或 cacheable: no，則這些變數僅駐留記憶體。

4.1.5 自訂 module

既然可以在 Playbook 中臨時將變數宣告為 fact，那麼 Ansible 是不是也支持自己編寫收集 fact 功能的模組呢？答案是肯定的，fact 的系統資訊收集功能其實被劃為了 Ansible 自訂 module 中的特殊的自訂開發模組。Ansible 預設提供了一個使用 Python 語言開發的 module 範本。在這裡就不單獨列出 fact module，可以參考官方文件中使用的標準 Ansible 自訂 module 的開發範本。

> **注意**
>
> 範本中 DOCUMENTATION、EXAMPLES、RETURN 三個字串變數是用於定義 module 的相關資訊的，為了便於其他人能夠使用這個自訂 module，建議按照範本的要求完整地填寫和補充範本資訊。

更詳細的說明可參考 Ansible 官方文件：

- Discovering variables: facts and magic variables【連結 8】；
- Developing plugins【連結 9】。

4.2 掛載點使用情況和郵件通知

前面主要介紹了當 Ansible 標準 module 不能滿足運行維護任務需求時，我們可能用到的一些實現指定運行維護任務的技術手段。本節以案例的方式介紹如何完善一個特定的運行維護任務目標。

4.2.1 任務目標

檢查被管理節點上各個磁碟掛載點的空間使用情況和 inode 使用情況，允許使用者自行指定警戒值，只要超過使用者指定的空間使用率或 inode 使用率，透過 CMDB 查詢出掛載點的管理員，由 DMZ 區的一台伺服器發送警告郵件告知掛載點的管理員。

4.2.2 任務分析

首先，可以直接使用 fact 中的資料檢查被管理節點上的各個掛載點資訊，ansible_fact 中有一個專門記錄掛載點使用情況的 JSON 物件，叫作 ansible_mounts。透過對 ansible_mounts 中資料的簡單計算，即可迅速判斷各個掛載點的資料資訊。然後根據被管理節點的 IP 位址可以在 CMDB 中查詢到掛載點管理員的電子郵件位址。

其次，DMZ 區的一台伺服器也是被管理節點，需要負責發送警報郵件給掛載點管理員。收集資料資訊在先，發送郵件在後，如果使用駐留記憶體的變數，則可能導致控制節點在進行任務變更時無法得到被管理節點資料的清單。為了保證資料的準確性，優選使用 fact 對收集到的伺服器資料進行快取。

再次，發送郵件的時候，為了防止警報風暴，將運行維護工程師所管理的多個掛載點同時發出的警報資訊進行警報合併，形成一封郵件通知給運行維護工程師，是一種實踐中推薦的做法。所以需要在發送郵件前將 fact 資料從以伺服器為中心整理為以掛載點管理員為中心。

最後，由於 Ansible 系統附帶的 mail 模組不支援 when 操作，所以需要單獨提供郵件發送功能。

綜上所述，我們最少需要編寫 3 個自訂 module，分別用於檢查掛載點使用情況和查詢掛載點管理員；載入 fact 快取資料並整理成以掛載點管理員為中心的資料目標；以掛載點管理員電子郵件位址為依據批次將警告的掛載點資訊整理成一個完整的警告郵件，併發送給電子郵件管理員。

4.2.3 任務的實現

1. 目錄結構

```
.
├── ansible.cfg
├── caching
│   ├── 10.173.245.133
│   ├── 10.174.66.176
│   └── 192.168.1.100
├── demo.html
├── inventory
│   └── host
├── library
│   ├── __init__.py
│   ├── check_mountpoints.py
│   ├── read_data.py
│   └── sendmail.py
└── main.yml
```

這裡的設定檔 ansible.cfg 用於啟用 jsonfile 快取和指定自訂 module 所在的路徑。內容如下：

```
[defaults]
fact_caching=jsonfile
fact_caching_connection=./caching/
library=./library/
inventory=./inventory/host
```

 注意

如果自訂模組檔案存放在 Playbook 所在的 library/ 子目錄中，那麼預設可以不單獨設定。

2. 掛載點檢查模組

掛載點模組設定範例：

```python
#!/usr/bin/python
# -*- coding: utf-8 -*-
from __future__ import division
from ansible.module_utils.basic import AnsibleModule
import traceback
import requests


DOCUMENTATION = """
---
    module: check_mount_point
    short_description: Check system mount point utilization and issue
warning messages based on the limits
    description:
```

```
        - This module is used to check the utilization of the system's
mount point and send warning mail to the
        corresponding system administrator based on the situation of each
mount point limit.
    version_added: "1.0"
    options:
        ip_address:
            description:
                - Information about the remote ip address
                default: {{ inventory_host }}
                required: true
                type: str
        hostname:
            description:
                - Information about the remote machine's hostname
                default: {{ ansible_fqdn }}
                required: true
                type: str
        mount_data:
            description:
                - Mount point data, Example: {{ ansible_mounts }}
                default: {{ ansible_mounts }}
                required: true
                type: list
        alter_value:
            description:
                - Alarm thresholds for system mount points managed by
application development
                required: true
                default: 90
                type: int
    author: Sun Jingchong
```

```
"""

EXAMPLES = '''
    - name: check software update
      check_mount_point:
        host="{{ inventory_host }}"
        mount_data="{{ ansible_mounts }}"
        alter_value=90
'''


RETURN = '''
# These are examples of possible return .values, and in general should
use
other names for return values.
hostname:
    description: information about host
    type: str
    returned: always
    sample: "local.localhost" or "demo.example.com"
ip_address:
    description: information about host's ip address
    type: str
    returned: always
    sample: "127.0.0.1" or "192.168.1.2"
result:
    description: Usage information for the mount points.
    type: list
    returned: always
    sample: [
        {
            "mount": "/",
            "inode_available": 10052341,
```

```
                "inode_total": 10419200,
                "inode_usage_%": "3.52"
                "size_available": 29577207808,
                "size_total": 40211361792,
                "size_usage_%": "26.45",
                "manager": "admin@example.com",
                "is_warning": False
        },
        {
                "mount": "/home/oracle",
                "inode_available": 0,
                "inode_total": 0,
                "inode_usage_%": "0",
                "size_available": 0,
                "size_total": 516096,
                "size_usage_%": "100",
                "manager": "system@example.com",
                "is_warning": True
        }
    ]
'''


def get_manager(ip, mount_name):
    # 用 requests 向 CMDB 請求尋找掛載點及相關負責人的資訊
    ......


# Ansible module 主函數
def run_module():
    module = AnsibleModule(
        argument_spec=dict(
            ip_address=dict(required=True, type='str'),
            hostname=dict(required=True, type='str'),
```

```
            mount_data=dict(required=True, type='list'),
            system_alter_value=dict(default='90', type='int'),
            application_alter_value=dict(default='90', type='int')
        ),
        supports_check_mode=True
    )

    result = dict(
        changed=False,
        inspection_info=None
    )

    try:
        ip_address, hostname, mount_data, system_alter = (module.
params["ip_address"],
                                            module.params['hostname'],
                                            module.params['mount_data'],
                                            module.params['alter_value'])

        mount_pointers = []

        for item in mount_data:
            if item['inode_total'] == 0:
                inode_usage = 0
            else:
                inode_usage = round((item["inode_total"] - item["inode_
available"]) / item["inode_total"] * 100, 2)

            size_usage = round((item["size_total"] - item["size_
available"]) / item["size_total"] * 100, 2)

            manager = get_manager(ip_address, item["mount"])
```

```
            is_warning = (inode_usage >= system_alter) or (size_usage >=
application_alter)

            data = {}
            data.setdefault("mount", item["mount"])
            data.setdefault("inode_total", item["inode_total"]),
            data.setdefault("inode_available", item["inode_available"]),
            data.setdefault("inode_usage_%", inode_usage)
            data.setdefault("size_total", item["size_total"]),
            data.setdefault("size_available", item["size_available"]),
            data.setdefault("size_usage_%", size_usage)
            data.setdefault("manager", manager)
            data.setdefault("is_warning", is_warning)

            mount_pointers.append(data)

        info = {}
        info.setdefault("hostname", hostname)
        info.setdefault("ip_address", ip_address)
        info.setdefault("result", mount_pointers)

        result['changed'] = True
        result["inspection_info"] = info
    except Exception:
        parameter = dict(
            ip_address=module.params["ip_address"],
            hostname=module.params['hostname'],
            mount_data=module.params['mount_data'],
            system_alter=module.params['system_alter_value'],
            application_alter=module.params['application_alter_value']
        )
        result['changed'] = False
```

```
        result.setdefault('failed', True)
        result.setdefault('data', parameter)
        result.setdefault('exception', traceback.format_exc())
    finally:
        module.exit_json(**result)


if __name__ == '__main__':
    run_module()
```

3. 讀取並整理快取資料

在執行運行維護任務之前，我們需要獲取資料並整理，然後快取資料：

```python
#!/usr/bin/python
# -*- coding: utf-8 -*-

import json
from os import listdir, path
from ansible.module_utils.basic import AnsibleModule
import traceback

DOCUMENTATION = """
---
    module: read_data
    short_description: Load data from caching file.
    description:
        - The result of reading the detected data from the ANSIBle_FACT
cache file
    version_added: "1.0"
    options:
        cachefile_path:
            description:
```

```
                - Fact cacheing file storage's path, must be an absolute
path
                default: ~/ansible.monitor.mountpointer/caching
                required: true
                type: str


    author: Sun Jingchong
"""


EXAMPLES = '''
    - name: Load inspect result from cache file
      local_action: read_data
      register: result
'''


RETURN = '''
# These are examples of possible return values, and in general should use
other names for return values.
data:
    description: data information
    type: list
    returned: always
    sample: [
        {
            "manager": "system@example.com",
            "mounts": [
                {
                    "hostname": "gitlab.os3c.cn",
                    "ip_address": "git.os3c.cn",
                    "inode_available": 3680247,
                    "inode_total": 3932160,
                    "inode_usage_%": 6.41,
```

```
            "is_warning": false,
            "mount": "/",
            "size_available": 49305190400,
            "size_total": 63278391296,
            "size_usage_%": 22.08
        },
        {

            "hostname": "www.os3c.cn",
            "ip_address": "192.168.1.100",
            "inode_available": 3680247,
            "inode_total": 3932160,
            "inode_usage_%": 6.41,
            "is_warning": false,
            "mount": "/",
            "size_available": 49305190400,
            "size_total": 63278391296,
            "size_usage_%": 22.08
        },
        {

            "hostname": "www.os3c.cn",
            "ip_address": "192.168.1.100",
            "inode_available": 3680247,
            "inode_total": 3932160,
            "inode_usage_%": 6.41,
            "is_warning": false,
            "mount": "/var",
            "size_available": 49305190400,
            "size_total": 63278391296,
            "size_usage_%": 22.08
        }
    ]
},
```

```
            {
                "manager": "test@example.com",
                "mounts": [
                    {
                        "hostname": "www.os3c.cn",
                        "ip_address": "192.168.1.100",
                        "inode_available": 3680247,
                        "inode_total": 3932160,
                        "inode_usage_%": 6.41,
                        "is_warning": false,
                        "mount": "/home/test",
                        "size_available": 49305190400,
                        "size_total": 63278391296,
                        "size_usage_%": 22.08
                    }
                ]
            }
        ]
    '''


    # 獲取檔案清單
    def getFiles(parent_dir):
        files = []
        if path.isabs(parent_dir):

            for fileName in listdir(parent_dir):
                files.append(path.join(parent_dir, fileName))
        else:
            files = listdir(parent_dir)
        return files


    # 載入快取的 JSON 檔案資料
```

```python
def readJSONFile(filename):
    with open(filename, 'r') as fileHandler:
        return json.load(fileHandler)


# 尋找名稱相同節點
def findChildNode(source_data, manager):
    for item in source_data:
        if item.get("manager") == manager:
            return item


    return None


# 整理單台伺服器的 JSON 資料，將掛載資料統一到管理員名下
def disposalData(source_data):
    data = source_data.get('inspection_info', None)
    if data:
        owners = []
        target_data = list()
        for item in data.get('result'):
            manager = item.get('manager')


            data_node = {}
            data_node.setdefault("hostname", data.get("hostname", None))
            data_node.setdefault("ip_address", data.get("ip_address", None))
            data_node.update(item)
            data_node.pop('manager')


            if manager in owners:
                sub_data = findChildNode(target_data, manager)
                mounts = sub_data.get("mounts")
                mounts.append(data_node)
            else:
```

```python
            owners.append(manager)

            sub_data = dict()
            sub_data.setdefault('manager', manager)
            sub_data.setdefault("mounts", [data_node])

            target_data.append(sub_data)

        return target_data
    else:
        return None


# 將單台伺服器資料合併成完整的資料
def mergeData(source_data, memory_cache):
    owner = []
    for item in memory_cache:
        manager = item.get("manager")
        owner.append(manager)

    for item in source_data:
        manager = item.get("manager")
        if manager in owner:
            sub_data = findChildNode(memory_cache, manager)
            mounts = sub_data.get("mounts")
            mounts.extend(item.get("mounts"))
        else:
            memory_cache.append(item)

    return memory_cache


# Ansible module 的主函數
def run_module():
    module = AnsibleModule(
```

```
    argument_spec=dict(
        cachefile_path=dict(required=True, type='str')
    ),
    supports_check_mode=True
)

result = dict(
    changed=False,
    data=''
)

cache_file_path = module.params['cachefile_path']

# 快取資料載入過程
data = []
cache = []

files = getFiles(cache_file_path)
for item in files:
    # noinspection PyBroadException
    try:
        data = readJSONFile(item)
        if data:
            data = disposalData(data)
            if data:
                cache = mergeData(data, cache)
            else:
                data = dict(
                    file=item,
                    description='No have "inspection_info" json
object.'
                )
```

```python
                    cache.append(data)
            else:
                data = dict(
                    file=item,
                    description='Read data failed from: %s' % item
                )
                cache.append(data)
        except Exception:
            result["changed"] = False
            result.setdefault("failed", True)
            result.setdefault("cache_file", item)
            result.setdefault("data", data)
            result.setdefault("exception", traceback.format_exc())
            module.exit_json(**result)


    result["changed"] = True
    result["data"] = cache

    module.exit_json(**result)


if __name__ == '__main__':
    run_module()
```

4. 發送郵件

執行完運行維護任務之後，給相關負責人發送郵件，方便相關負責人了解本次運行維護任務的執行結果：

```python
#!/usr/bin/python
# -*- coding: utf-8 -*-

import time
import smtplib
```

```python
import traceback
from ansible.module_utils.basic import AnsibleModule
from email.mime.text import MIMEText
from email.mime.multipart import MIMEMultipart

htmlTemplate = """

<body>
    <div class="main">
        <div id="advisories">
            <h1>Linux 系統掛載點檢查警告通知 </h1>
            <table class="table">
                <thead>
                    <tr role="row">
                        <th rowspan=2> 伺服器名稱 </th>
                        <th rowspan=2>IP 位址 </th>
                        <th rowspan=2> 掛載點 </th>
                        <th colspan=3>inode 檢查 </th>
                        <th colspan=3> 剩餘容量檢查 </th>
                    </tr>
                    <tr>
                        <th> 可用節點 </th>
                        <th> 總節點 </th>
                        <th> 使用率 (%%)</th>
                        <th> 可用容量 </th>
                        <th> 總容量 </th>
                        <th> 使用率 (%%)</th>
                    </tr>
                </thead>
                <tbody>
                    %s
                </tbody>
```

```
            </table>
        </div>

        <hr />
        <div class="error">請及時處理本該警告資訊 </div>
    </div>
</body>

</html>"""


rowTemplate = """
    <tr>
        <td style="border: 1px solid black;border-collapse: collapse;">
%s</td>
        <td style="border: 1px solid black;border-collapse: collapse;">
%s</td>
        <td style="border: 1px solid black;border-collapse: collapse;">
%s</td>
        <td style="border: 1px solid black;border-collapse: collapse;">
%s</td>
        <td style="border: 1px solid black;border-collapse: collapse;">
%s</td>
        <td style="border: 1px solid black;border-collapse: collapse;
color: red; font-weight: bold">%s</td>
        <td style="border: 1px solid black;border-collapse: collapse;">
%s</td>
        <td style="border: 1px solid black;border-collapse: collapse;">
%s</td>
        <td style="border: 1px solid black;border-collapse: collapse;
color: red; font-weight: bold">%s</td>
    </tr>
"""
```

```python
# 發送郵件
def sendMail(host, port, user, password, sender, recipient, mail):

    smtp = smtplib.SMTP()
    smtp.connect(host, port)
    smtp.login(user=user, password=password)
    smtp.sendmail(sender, recipient, mail.as_string())
    smtp.quit()

    return None

# 生成郵件內容
def generatedHTMLMail(mail_content, sender, recipient, subject, cc=None):

    msg = htmlTemplate % mail_content

    mail = MIMEMultipart('mixed')
    mail['Accept-Language'] = 'zh-CN'
    mail['Accept-Charset'] = 'ISO-8859-1,utf8'
    mail['From'] = sender
    if isinstance(recipient, list):
        mail['To'] = ';'.join(recipient)
    else:
        mail['To'] = recipient
    mail['Subject'] = subject
    if cc:
        if isinstance(cc, list):
            mail['Cc'] = ','.join(cc)
        else:
            mail['Cc'] = cc

    mail.attach(MIMEText(msg, 'html', 'utf8'))
```

```python
        return mail

# 生成 HTML 格式的郵件正文
def generatedMailContent(waring_msg):
    content = []
    if isinstance(waring_msg, list):
        for item in waring_msg:
            if item["is_warning"]:
                row = rowTemplate % (item['hostname'],
    item['ip_address'], item['mount'], item['inode_available'],
    item['inode_total'], item['inode_usage_%'], item['size_available'],
    item['size_total'], item['size_usage_%'])
                content.append(row)

    if len(content) > 0:
        body = '\n'.join(content)
    else:
        body = None

    return body

# Ansible module 主函數
def run_module():

    module = AnsibleModule(
        argument_spec=dict(
            smtp_server=dict(required=True, type='str'),
            smtp_port=dict(default=25, type='int'),
            smtp_user=dict(required=True, type='str'),
            smtp_password=dict(required=True, no_log=True, type='str'),
            smtp_sender=dict(required=True, type='str'),
            subject=dict(required=True, type='str'),
```

```
            source_data=dict(required=True, type='list')
        ),
        supports_check_mode=True
    )

    result = {
        "changed": False,
        "result": list()
    }

    smtp_server, smtp_port, smtp_user, smtp_password, smtp_sender,
mail_subject, source_data = \
        (module.params['smtp_server'], module.params['smtp_port'],
module.params['smtp_user'],
        module.params['smtp_password'], module.params['smtp_sender'],
module.params['subject'],
        module.params['source_data'])

    send_result = []
    data = {}

    params = dict(
        server=smtp_server,
        port=smtp_port,
        user=smtp_user,
        sender=smtp_sender,
        subject=mail_subject,
    )

    try:
        for item in source_data:
            value = dict()
```

```python
        content = generatedMailContent(item['mounts'])
        if content:
            receiver = item['manager'].strip()
            cc_recipient = None

            tmp = dict(
              mail_content=content,
              sender=smtp_sender,
              recipient=receiver,
              subject=mail_subject
            )
            mail = generatedHTMLMail(**tmp)

            receivers = list()
            if cc_recipient:
                if isinstance(receiver, list):
                        receivers.extend(receiver)
                elif isinstance(receiver, str):
                        receivers.append(receiver)

                receivers.extend(cc_recipient)

            sendMail(smtp_server, smtp_port, smtp_user,
smtp_password, smtp_sender, receivers, mail)

            value.setdefault('recipient', manager)
            value.setdefault('mail', receiver)
            value.setdefault('send', 'ok')
            send_result.append(value)

            time.sleep(5000)

    result['changed'] = True
```

```python
        result.setdefault('result', send_result)
    except Exception:
        result.pop('result')
        result['changed'] = False
        result.setdefault('failed', True)
        result.setdefault('parameters', params)
        result.setdefault('source_data', source_data)
        if data:
            result.setdefault('target_data', data)
        result.setdefault('exception', traceback.format_exc())
    finally:
        module.exit_json(**result)


if __name__ == '__main__':
    run_module()
```

5. Playbook

使用 Playbook 呼叫相關模組：

```yaml
---
- name: Inspection the linux system mount point information
  hosts: objects
  gather_facts: true
  tasks:
    - check_mountpoints:
        ip_address: "{{ inventory_hostname }}"
        hostname: "{{ ansible_fqdn }}"
        mount_data: "{{ ansible_mounts }}"
        system_alter_value: 90
        application_alter_value: 90
      register: result
    - set_fact:
```

```
        cacheable: yes
        inspection_info: "{{ result.inspection_info }}"

- name: Send mail to mount points's manager
  hosts: sendmail
  gather_facts: false
  tasks:
    - name: Load fact data form caching file
      local_action: read_data
      args:
          cachefile_path: /root/ansible.monitor.mountpointer/caching
      register: result

    - name: send e.mail to manager
      sendmail:
        smtp_server: smtp.163.com
        smtp_port: 25
        smtp_user: test
        smtp_password:
        smtp_sender: test@163.com
        subject: "通知郵件 (請勿回覆) - Linux 作業系統掛載點使用異常清單"
        source_data: "{{ result.data }}"
```

> 4.3 作業系統安全基準線檢查

由於不同使用者管理維度的差異，作業系統安全基準線檢查的項目也有
所差異。但整體上的檢查項目有十幾項，而且因為歷史原因使用者累積
了很多相關的 shell 指令稿，下面針對幾個常用的檢查項目，梳理出較為
有效的 Playbook 實現方式。

4.3.1 任務目標

將 Ansible Playbook 和系統中現有的存量 shell 指令稿進行結合，靈活實現對 CentOS 的安全基準線檢查工作。

4.3.2 任務分析

首先，利用現有的存量 shell 指令稿實現自動化安全基準線檢查的目標，必然涉及 shell 指令稿的分發和執行結果的回收兩個過程。

其次，根據作業系統版本的不同，shell 指令稿在檢查某些項目時使用的命令會有所差異，所以需要根據 fact 中被管理節點的伺服器資訊進行版本判斷。

最後，為了實現安全基準線項目的靈活可設定，需要對 shell 指令稿進行拆分。

4.3.3 任務的實現

1. shell 指令稿的修改

每個檢查項可以根據將檢查結果劃分為 3 種狀態：成功（狀態：0）、失敗（狀態：1）、未檢測（狀態：2）。舉例來説，確認 SELinux 是否被禁用：

```
#/bin/sh

if ! Lest -f /etc/selinux/config ; then exit 2 ; fi
```

```
if getenforce |grep -i disabled ; then
    exit 0
else
    exit 1
fi
```

2. Playbook——呼叫 shell 指令稿轉換模組

使用 Playbook 呼叫 shell 指令稿的範例：

```
- name: Clean UP
  file:
    dest: /tmp/base_line_checkmod_current.sh
    state: absent

- name: Copy mod {{ item_name }} if CentOS 6
  copy:
    src: modules/6/{{ item_file }}
    dest: /tmp/base_line_checkmod_current.sh
    owner: root
    group: root
    mode: 0755
  changed_when: false
  failed_when: false
  when:
    - ansible_os_family == "CentOS"
    - ansible_distribution_major_version  == "6"

- name: Copy mod {{ item_name }} if CentOS 7
  copy:
    src: modules/7/{{ item_file }}
    dest: /tmp/base_line_checkmod_current.sh
```

```
    owner: root
    group: root
    mode: 0755
  changed_when: false
  failed_when: false
  when:
    - ansible_os_family == "CentOS"
    - ansible_distribution_major_version  == "7"

- name: Run Checking Module {{ mod_name }}
  shell: "/tmp/base_line_checkmod_current.sh"
  register: result
  changed_when: false
  failed_when: false
  when:
    - ansible_os_family == "RedHat"

- name: "check {{ mod_name }} & Report True"
  shell: "echo {{ inventory_hostname }},{{ mod_name }},True >> {{ output }}"
  when: result.rc == 0

- name: "check {{ mod_name }} & Report False"
  shell: "echo {{ inventory_hostname }},{{ mod_name }},False >> {{ output }}"
  when: result.rc == 1

- name: "check {{ mod_name }} & Report N/A"
  shell: "echo {{ inventory_hostname }},{{ mod_name }},N/A >> {{ output }}"
  when: result.rc == 2
```

3. Playbook——主任務設定模組

設定主任務模組：

```yaml
---
- hosts: all
  vars:
    output: /tmp/baseline-check-result.txt

  tasks:
  - name: purge output file
    shell: "touch {{ output }}"

  - name: Check SELINUX_IS_DISABLE
    set_fact:
      mod_file: selinux_is_disabled
      mod_name: selinux_is_disabled
  - include : include/module.yml

......


- name: fetch results {{ inventory_hostname }}
    fetch:
      src: "{{ output }}"
      dest: results/result-{{ inventory_hostname }}.csv
      flat: yes

  - name: clean up
    file:
        dest: "{{ item }}"
        state: absent
    with_items:
        - /tmp/baseline-check-result.txt
        - /tmp/base_line_checkmod_current.sh
```

從上面的 Playbook 中可以看到遠端被管理節點上的檢測結果檔案被回收到控制節點上時預設為檔案的副檔名增加了 csv，csv 是一種以純文字形式儲存表格資料（數字和文字）的檔案格式，這種格式可以直接被 Excel 等工具打開並展示結果資訊。如果需要整合成一個完整的任務報告，則可以自行編寫一個簡單的 Python 指令稿將任務結果整理成一個 Excel 檔案。

因篇幅有限，這裡就不再展示完整的安全基準線檢查程式，還需要讀者結合自身的實際需求對本節提到的相關 Playbook 進行完善和豐富。

4.4 收集被管理節點資訊

4.4.1 任務目標

收集所有被管理節點的基本資訊，透過 template 模組將基本資訊繪製成靜態 IITML 檔案，檔案生成後，將檔案回收到管理節點的指定路徑備用。

4.4.2 任務分析

首先，針對被管理節點的資訊，在 Playbook 中設定 gather_facts 為 true 就能自動完成伺服器資訊的擷取，並在任務中使用伺服器的基礎設定資訊。

其次，準備一個 HTML 的範本檔案，根據需求使用 Jinja2 將範本中需要填寫的資訊補充完整。

最後，透過 template 模組將範本檔案分發到被管理節點並繪製成最終的 HTML 檔案，使用 fetch 模組將繪製後的 HTML 檔案收集回控制節點。

4.4.3 Jinja2 簡介

Jinja2 是一種現代且設計友善的 Python 範本語言，最初的開發靈感來自 Django 的範本引擎，並在其基礎上擴充了語法和一系列強大的功能。最大的亮點是增加了沙盒執行功能和強大的 HTML 自動逸出系統，從而提高了 Jinja2 範本檔案的安全性。

Jinja2 檔案基於 Unicode 編碼格式，可以在 Python 2.4 及以上版本中運行（包括 Python 3）。由於 Jinja2 功能特性較多，本節僅介紹其常用的語法規則。

1. 基本語法控制結構

在 Jinja2 中，常見的語法控制結構有以下 3 種。

- 控制結構：{% … %}；
- 變數設定值：{{ … }}；
- 註釋說明：{# … #}。

2. 變數

範本的變數由傳遞給範本的上下文字典定義。需要注意的是，"{{}}" 不是變數的一部分，在範本檔案中相當於 print 敘述。

可以使用 "[' 屬性名稱 ']" 的方式存取變數中的屬性或元素，也可以使用 "." 存取變數的屬性或元素。範例如下，兩種方式的性質完全是一樣的：

```
{{ foo.bar }}
{{ foo['bar'] }}
```

如果變數或屬性不存在，則返回一個未定義的值。如何處理這種值取決於應用程式設定：

- 預設行為是在輸出或迭代時設定變數為空字串；

- 其他操作都失敗。

3. 篩檢程式

在 Jinja2 中篩檢程式可以被瞭解為內建函數和字串處理函數。變數可以配合篩檢程式使用以達到修改變數內容的目的。

表 4-2 列舉了常用的篩檢程式。

表 4-2

篩檢程式名	說明
capitialize	將變數值的字首轉為大寫形式，其他字母轉為小寫形式
lower	將變數值轉為純小寫形式
upper	將變數值轉為純大寫形式
title	將變數值中每個單字的字首都轉為大寫形式
trim	將變數值中的首尾空格去掉
join	將多個變數值拼接為新的字串
replace	替換字串的值
round	預設對數字進行四捨五入，也可以使用參數進行控制
int	將變數值轉為整數值

篩檢程式的使用方法如下：

```
{{ 'abc' | captialize }}
# Abc


{{ 'abc' | upper }}
# ABC


{{ 'hello world' | title  }}
# Hello World


{{ 'hello world' | replace('world','test') | upper }}
# HELLO TEST


{{ 18.18 | round }}
# 18.2


{{ 18.18 | round | int }}
# 18
```

想要了解更多 Jinja2 附帶的篩檢程式資訊，可以造訪其官方網站。

4. 迴圈控制

在 Jinja2 中可以使用 for 迴圈對 Python 中的 list、dict 和 tuple 類型進行迭代。使用一對 {% for … %} 和 { % endfor %} 的組合進行語法控制。

迭代 list：

```
<div>
{% for user in users %}
<li>{{ user.username|title }}</li>
```

```
{% endfor %}
</div>
```

迭代 dict：

```
<div>
{% for key, value in dict_demo.iteritems() %}
<a>{{ key }}</a>
<a>{{ value }}</a>
{% endfor %}
</div>
```

 注意

Jinja2 中不存在 while 迴圈。

5. 條件陳述式

Jinja2 中的 if 敘述與 Python 中的 if 敘述很類似，但需要使用 "{% endif %}" 表示一個判斷敘述區塊的結束。

單一判斷：

```
{% if users %}
<ul>
{% for user in users %}
    <li>{{ user.username|e }}</li>
{% endfor %}
</ul>
{% endif %}
```

多分支判斷：

```
{% if kenny.A %}
    進入條件 A
{% elif kenny.B %}
    進入條件 B
{% else %}
    未進入條件 A 和條件 B
{% endif %}
```

6. 巨集

Jinja2 中的巨集可以和正常程式語言的函數功能相提並論，它有助提升程式的可重複使用性。定義一個巨集需要使用一對 "{% macro 巨集名 (參數)%}" 和 "{% endmacro %}" 的組合來表示巨集程式區塊。具體語法結構範例如下：

```
{% macro input(name, value='', type='text', size=20) -%}
    <input type="{{ type }}" name="{{ name }}" value="{{
        value|e }}" size="{{ size }}">
{%- endmacro %}
```

呼叫巨集時的方式也和正常程式語言類似，呼叫範例如下：

```
<p>{{ input('username') }}</p>
<p>{{ input('password', type='password') }}</p>
```

在巨集內部，可以使用三個特殊變數，如表 4-3 所示。

表 4-3

變數名稱	說明
varargs	如果傳遞給巨集的位置參數多於巨集所能接受的位置參數,則多出的參數會以列表的形式存放在一個名稱為 varargs 的變數中
kwargs	類似於 varargs,但針對關鍵字參數。所有未使用的關鍵字參數都儲存在此特殊變數中
caller	如果巨集是從一個呼叫標記處呼叫的,那麼呼叫者將作為一個可呼叫巨集儲存在這個變數中

在 Jinja2 中,還公開了部分巨集相關的屬性供範本檔案使用,這些屬性如表 4-4 所示。

表 4-4

屬性名稱	說明
name	巨集的名字。例如 {{ input.name }},則 input 將被列印出來
arguments	巨集收到的參數名稱的元組
defaults	巨集設定的預設值元組
catch_kwargs	當巨集收到額外的關鍵字參數時返回 true
catch_varargs	當巨集收到額外的位置參數時返回 true
caller	如果巨集存取特殊的呼叫者變數並可以從呼叫標籤中呼叫它,則返回 true

> **注意**
>
> 巨集允許跨範本呼叫，但需要提前將相關的範本匯入當前檔案。具體匯入方法可參考官方文件：【連結 10 】。
>
> 另外，需要特別注意是，巨集名稱以 "_" 開頭，既不能被匯出，也不能被匯入。

7. 巨集的特殊呼叫

在某些情況下，將巨集傳遞給另一個巨集使用可能會很方便。為此，可以使用特殊呼叫區塊。特殊呼叫區塊需要使用一對 "{% call %}" 和 "{% endcall %}" 的組合來表示。下面的範例定義了一個巨集，並利用該巨集展示了特殊呼叫區塊的定義及如何使用它：

```
{% macro render_dialog(title, class='dialog') -%}
    <div class="{{ class }}">
        <h2>{{ title }}</h2>
        <div class="contents">
            {{ caller() }}
        </div>
    </div>
{%- endmacro %}

{% call render_dialog('Hello World') %}
    這是用 render_dialog 函數繪製的內容
{% endcall %}
```

另外，可以將指定參數傳遞回特殊呼叫區塊，使得它可以代替迴圈邏輯。一般來說，特殊呼叫區塊的工作原理與沒有名稱的巨集完全相同（類似於正常程式語言中的匿名函數）。

下面是一個將呼叫區塊與參數一起使用的範例：

```
{% macro dump_users(users) -%}
    <ul>
    {%- for user in users %}
        <li><p>{{ user.username|e }}</p>{{ caller(user) }}</li>
    {%- endfor %}
    </ul>
{%- endmacro %}

{% call(user) dump_users(list_of_user) %}
    <dl>
        <dl>Realname</dl>
        <dd>{{ user.realname|e }}</dd>
        <dl>Description</dl>
        <dd>{{ user.description }}</dd>
    </dl>
{% endcall %}
```

8. 範本和範本繼承

Jinja2 最強大的功能是範本的繼承。使用者可以先建構一個基礎範本，該範本包含網站的所有常見元素，並定義子範本可以覆蓋的區塊。是不是很像正常物件導向開發語言中關於物件的繼承和使用？下面用詳細範例說明範本繼承的實際應用情況。

1）基礎範本

假設我們創建了一個名為 base.html.j2 的範本檔案並定義了一個簡單的 HTML 文字標籤架範本。範本檔案中定義了一個簡單的 HTML 頁面，分為 head 和 body 兩個空白部分，子範本的作用就是填充這兩部分的內容：

```
<!DOCTYPE html>
<html lang="en">
<head>
    {% block head %}
    <link rel="stylesheet" href="style.css" />
    <title>{% block title %}{% endblock %} - My Webpage</title>
    {% endblock %}
</head>
<body>
    <div id="content">{% block content %}{% endblock %}</div>
    <div id="footer">
        {% block footer %}
        &copy; Copyright 2021 by <a href="http://www.sinontt.com/">
sinontt</a>.
        {% endblock %}
    </div>
</body>
</html>
```

可以看到 "{% block %}" 和 "{% endblock %}" 一一對應組成一個可填充
的區塊，整個基礎範本包含四個可填充部分。

注意

block 標籤可以被應用到其他程式區塊中（如 if 程式區塊），但 block 標
籤部分的內容總是被執行，而不管 if 程式區塊是否需要實際呈現出來。

2）子範本

```
{% extends "base.html.j2" %}
{% block title %}hello world{% endblock %}
{% block head %}
    {{ super() }}
    <style type="text/css">
        .important { color: #336699; }
    </style>
{% endblock %}
{% block content %}
    <h1>Title 1</h1>
    <p class="important">
      Welcome to my awesome homepage.
    </p>
{% endblock %}
```

這裡能看到一個新標籤 "{% extends %}"，它是整個子範本的關鍵部分，它告訴範本引擎這個範本擴充了另一個範本。當範本系統繪製此範本時，它會嘗試定位父範本。需要注意的是，extends 標籤必須是子範本中的第一個標籤。

基礎範本的檔案名稱取決於範本載入器，舉例來說，FileSystemLoader 允許透過提供檔案名稱存取其他範本。Jinja2 允許使用帶有 "/" 的子目錄方式存取基礎範本，例如：

```
{% extends "templates/default.html.j2" %}
```

另外，需要注意的是，上面的子範本中沒有定義 footer 對應的區塊，所以將使用父範本中的值。

在同一個範本中不能定義多個具有相同名稱的 "{% block %}" 標籤。存在這一限制的原因是，區塊標籤在「兩個方向」上均起作用。也就是說，區塊標籤不僅提供了要填充的預留位置，還定義了在父元素中填充預留位置的內容。如果一個範本中有兩個命名為 "{% block %}" 的標籤，則該範本的父範本不知道使用哪個程式區塊的內容。

如果需要多次列印一個程式區塊，則可以使用特殊的 self 變數並使用該名稱呼叫區塊，例如：

```
<title>{% block title %}{% endblock %}</title>
<h1>{{ self.title() }}</h1>
{% block body %}{% endblock %}
```

9. HTML 逸出

在正常的開發環境中，使用範本檔案生成 HTML 檔案時，始終存在由於傳入的變數資訊最終影響 HTML 顯示風格的問題。為了解決這樣的問題，一般有兩種解決方案：

■ 手動逸出每個變數；

■ 預設情況下自動逸出所有內容。

Jinja2 同時支持這兩種解決方案，使用哪種解決方案取決於應用程式的設定。預設設定為不自動逸出。這是由於以下兩個原因導致的：

■ 逸出除安全值外的所有內容，這也表示 Jinja2 逸出了所有已知不包含 HTML 元素的變數（如數字、布林值），這可能導致嚴重的性能問題；

■ 有關變數安全性的資訊非常脆弱。透過強制使用安全值和非安全值，
  返回值可能是被經過二次逸出後的 HTML 檔案。

1）手動逸出

如果啟用了手動逸出，則需要自行判斷何時對變數進行逸出，以及要逸出
什麼？如果一個變數中包含以下任何四種字元：">"、"<"、"&" 或 " " "，
那麼除非保證該變數包含結構良好的、值得信賴的 HTML 結構，否則應
該手動逸出該變數。透過將變數和 "|e" 篩檢程式結合來傳遞資料的方式
實現手動逸出，例如：

```
{{ user.username|e }}
```

2）自動逸出

啟用自動逸出後，預設情況下所有內容都將自動逸出，除非是明確標記
為安全的值。變數和運算式可以在以下兩種情況中被標記為「安全」：

■ 應用程式提供的上下文字典 "markupsafe.Markup"；

■ 帶有 "|safe" 篩檢程式的範本。

如果標記為安全的字元串通過其他無法瞭解該標記的 Python 程式傳遞，
則可能導致標記遺失。在到達範本之前，請注意何時將資料標記為安全
資料，以及如何處理。

如果一個值已被逸出但未標記為「安全」，則仍將自動逸出並生成二次逸
出的字元。如果已經明確知道存在安全資料但未對資料進行標記，則確
保將其包裝在 Markup 標籤中或使用 "|safe" 篩檢程式對資料進行安全處
理。

Jinja2 的函數功能模組（macros、super、self.BLOCKNAME）始終返回標記為安全的範本資料。而帶有自動逸出的範本中的字串變數被認為是不安全的，因為原生 Python 字串（str、unicode、basestring）不是安全的，需要用 __html__ 屬性標記字串。

4.4.4 伺服器巡檢任務

對伺服器進行巡檢是運行維護工程師的日常工作之一，我們可以編寫巡檢任務的檔案，讓 Ansible 為我們完成自動化的伺服器巡檢任務。

1. 目錄結構

巡檢任務的 Playbook 的目錄結構如下：

```
├── Inventory
│   └── hosts
├── Pipfile
├── Pipfile.lock
├── ansible.cfg
├── ansible.module.demo.py
├── baseinformation.yml
├── library
│   ├── grub2info.py
│   ├── manufacture.py
│   ├── memory.py
│   ├── network.py
│   ├── runlevel.py
│   ├── uptime.py
│   └── yumcheckupdate.py
└── templates
    ├── system_health_check.css
    ├── system_health_check.html.j2
└── system_health_check.js
```

2. Playbook

關鍵巡檢任務的設定如下：

```yaml
---
  - name: Get basic information about the operating system
    hosts: all
    gather_facts: true
    tasks:
      - name: Get linux system run level
        runlevel:
        register: system_runlevel

      - name: Get linux grub menus information
        grub2info:
        register: grub_menus

      - name: Get system start time
        shell: date -d "$(awk -F. '{print $1}' /proc/uptime) second ago"
+"%Y-%m-%d %H:%M:%S"
        register: starttime

      - name: Get system uptime
        uptime:
        register: sys_uptime

      - name: Get dmi information about BIOS, Baseboard, System
        manufacture:
        register: dmidecode

      - name: Get memory information
        memory:
        register: sys_memory
```

```
    - name: Get graphics card information
      graphics:
      register: sys_graphics

    - name: Get timestap
      shell: date +%Y%m%d%H%M%S.%N
      register: timestap

    - name: Padding data to HTML file
      template:
        src: system_health_check.html.j2
        dest: /tmp/{{inventory_hostname}}-{{ansible_fqdn}}-{{timestap.
 stdout}}- system_health_check.html
      when: timestap.rc == 0
```

〉 4.5 小結

在實際工作中有大量的自動化運行維護需求，編寫 Playbook 需要適當地瞭解如何使用變數，變數如何存在於記憶體或 fact 中。結合 Ansible 提供的標準 module 可以完成大部分自動化運行維護任務，當 Ansible 的標準 module 不能滿足任務需求時，可以使用自訂 module、自訂 fact module 或自訂 info module 來實現所需的功能。需要額外注意的是，瞭解 Ansbile module 和 plugin 之間的區別和針對的具體物件，才能正確地使用 Ansible 自訂功能更進一步地為任務目標服務。最後，讀者可能還需要對 Python 有一定的了解才能更進一步地使用 Ansible Playbook。

AIOps 概述

> 5.1 AIOps 概述

2013 年，Gartner 在一份報告中提及了 ITOA，當時的定義是 IT 營運分析（IT Operations Analytics），透過技術與服務手段，擷取、儲存、展現巨量的 IT 運行維護資料，並進行有效的推理與歸納得出分析結論。

Gartner 在 2015 年對 ITOA 應該具備的能力進行了定義：

（1）ML/SPDR：機器學習 / 統計模式發現與辨識。

（2）UTISI：非結構化文字索引，搜索以及推斷。

（3）Topological Analysis：拓撲分析。

（4）Multi-dimensional Database Search and Analysis：多維資料庫搜索與分析。

（5）Complex Operations Event Processing：複雜運行維護事件處理。

而隨著時間演進，在 2016 年，Gartner 將 ITOA 概念升級為了 AIOps，原本的含義基於演算法的 IT 運行維護（Algorithmic IT Operations），即平台利用巨量資料、現代的機器學習技術和其他進階分析技術，透過主動、個性化和動態的洞察力直接或間接地、持續地增強 IT 操作（監控、自動化和服務台）功能。AIOps 平台可以同時使用多個資料來源、多種資料收集方法、即時分析技術、深層分析技術及展示技術。

Gartner 對 AIOps 的能力的定義：

（1）Historical data management：歷史資料管理。

（2）Streaming data management：串流資料管理。

（3）Log data ingestion：日誌資料整合。

（4）Wire data ingestion：網路資料整合。

（5）Metric data ingestion：指標資料整合。

（6）Document text ingestion：文字資料整合。

（7）Automated pattern discovery and prediction：自動化模式發現和預測。

（8）Anomaly detection：異常檢測。

（9）Root cause determination：根因分析。

（10）On-premises delivery：提供私有化部署。

（11）Software as a service：提供 SaaS 服務。

隨著 AI 在多個領域越來越流行，Gartner 也在 2017 午年中一份報告中，將 AIOps 的含義定義為 Artificial Intelligence for IT Operations，也就是智慧化運行維護。

> 5.2 AIOps 的實作路線

雖然 AIOps 的概念被提出來有一段時間了，並且 Gartner 也預測到 2022年，約 40% 的大型企業將部署 AIOps 平台，也提出了 AIOps 應該具備的能力，但是到目前為止，AIOps 並不像 DevOps 一樣，已經具備一個非常完整的最佳實踐的形態，以至於每個人心目中的 AIOps 可能都是一樣的。可以這樣説，AIOps 在演算法層面已經有一定的方向，但是在工程化層面上，還處於百花齊放的狀態。

由於還沒有一個具體可參考的物件，人們自然而然地充分發揮了各自的創造力，出現了多種風格的 AIOps 工程化實作路線。整體來看，目前主要有以下幾種工程化實作路線。

- 時序指標路線：選擇這個路線的團隊前身大多是以監控系統為主的，由於在監控系統中累積了大量的時序資料，結合監控系統的日常工作特性，他們選擇將單指標時序預測、多指標時序預測、單指標異常檢測、多指標異常檢測、指標連結分析等以時序指標分析為主的方法整合進系統中。這條實作路線主要解決的問題是讓監控系統能夠自我調整地警報，透過異常檢測觸發運行維護動作，透過指標連結分析輔助決策來縮短解決故障定位的時間。

- 事件分析路線：選擇這個路線的團隊以非結構化資料分析為主，以日誌分析系統、警報中心的團隊多見。所使用的關鍵技術包括警報事件降噪、事件發現、警報事件抑制、日誌聚類、事件解決方案推薦等。相比時序指標路線，事件分析路線的團隊認為一切的運行維護資料最終都會反映成運行維護事件，以運行維護事件的角度去分析才是 AIOps 的最終實作解決方案。

- 知識增強路線：這個路線的團隊認為運行維護中起決定作用的是知識，透過整理運行維護知識，形成運行維護知識圖譜，基於知識圖譜和知識庫來提升運行維護知識的使用率才是 AIOps 的最終目標，透過使用知識檢索、知識推理、命名實體辨識等技術，結合運行維護知識庫、基礎資料，形成運行維護機器人，在原有的知識庫基礎上指定 AI 的能力，最終達到 AIOps 的目標。

- AI 平台路線：這個路線的團隊認為 AI 能力不應該直接強綁定在運行維護工具上，應該將 AI 能力沉澱在 AI 平台上，透過 AI 平台賦能已有應用的方式，最終達到 AIOps 的目標。它的特點是讓運行維護系統和 AI 系統在平台層面上進行隔離，透過 API 的方式互相整合。

5.3 基於基礎指標監控系統的 AIOps

當團隊已經在時序指標上有非常多的累積的時候，可以嘗試使用時序指標路線的 AIOps 方案，如圖 5-1 所示。

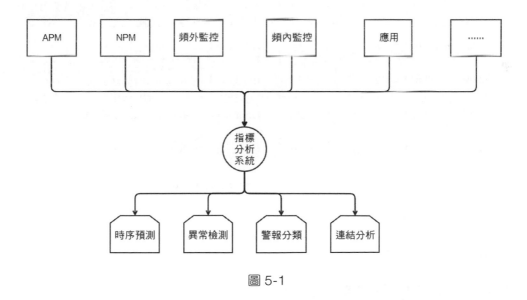

圖 5-1

首先採用 APM、NPM、頻內監控、頻外監控等技術手段盡可能全面地對指標進行收集，在收集了多種類型的指標後，面臨的第一個問題是如何高效率地對指標進行儲存和使用。這裡有兩種常見的資料儲存方案，第一

種是採用 Elasticsearch，第二種是採用 OpenTSDB。採用 Elasticsearch 的
優勢在於 Elasticsearch 的 Schema On Write 的能力，能夠讓我們靈活地定
義資料的儲存模式。同時，Elasticsearch 具備巨量資料的統計查詢能力，
綜合能力表現優秀。而第二種常見儲存手段是採用時間序列資料庫，比
較常見的方式是 OpenTSDB。OpenTSDB 背靠 Hadoop 巨量資料生態，使
得它具備了巨量資料的儲存分析能力，同時精心設計過的時間序列儲存
方式也提高了其資料分析能力。但是比起 Elasticsearch 和 OpenTSDB，
筆者更加推薦使用 ClickHouse 進行時間序列的儲存分析。最重要的一點
是 ClickHouse 的性能（評測資料來自【連結 11 】），如表 5-1 所示。

表 5-1

場景 1	場景 2	場景 3	場景 4	資料庫
0.005	0.011	0.103	0.188	BrytlytDB 2.1 & 5-node IBM Minsky cluster
0.009	0.027	0.287	0.428	BrytlytDB 2.0 & 2-node p2.16xlarge cluster
0.021	0.053	0.165	0.51	OmniSci & 8 Nvidia Pascal Titan Xs
0.027	0.083	0.163	0.891	OmniSci & 8 Nvidia Tesla K80s
0.028	0.2	0.237	0.578	OmniSci & 4-node g2.8xlarge cluster
0.034	0.061	0.178	0.498	OmniSci & 2-node p2.8xlarge cluster
0.036	0.131	0.439	0.964	OmniSci & 4 Nvidia Titan Xs
0.051	0.146	0.047	0.794	kdb+/q & 4 Intel Xeon Phi 7210 CPUs
0.134	0.349	0.542	3.312	OmniSci & a 16" MacBook Pro
0.241	0.826	1.209	1.781	ClickHouse, 3 x c5d.9xlarge cluster

場景 1	場景 2	場景 3	場景 4	資料庫
0.466	1.094	0.742	1.412	Hydrolix & c5n.9xlarge cluster
0.762	2.472	4.131	6.041	BrytlytDB 1.0 & 2-node p2.16xlarge cluster
1.034	3.058	5.354	12.748	ClickHouse, Intel Core i5 4670K
1.56	1.25	2.25	2.97	Redshift, 6-node ds2.8xlarge cluster
2	2	1	3	BigQuery
2.362	3.559	4.019	20.412	Spark 2.4 & 21 x m3.xlarge HDFS cluster
3.54	6.29	7.66	11.92	Presto 0.214 & 21 x m3.xlarge HDFS cluster
4	4	10	21	Presto, 50-node n1-standard-4 cluster
4.88	11	12	15	Presto 0.188 & 21-node m3.xlarge cluster
6.41	6.19	6.09	6.63	Amazon Athena
8.1	18.18	n/a	n/a	Elasticsearch (heavily tuned)
10.19	8.134	19.624	85.942	Spark 2.1, 11 x m3.xlarge HDFS cluster
11	10	21	31	Presto, 10-node n1-standard-4 cluster
11	14	16	22	Presto 0.188 & single i3.8xlarge w/ HDFS
14.389	32.148	33.448	67.312	Vertica, Intel Core i5 4670K
22	25	27	65	Spark 2.3.0 & single i3.8xlarge w/ HDFS
28	31	33	80	Spark 2.2.1 & 21-node m3.xlarge cluster

場景 1	場景 2	場景 3	場景 4	資料庫
34.48	63.3	n/a	n/a	Elasticsearch (lightly tuned)
35	39	64	81	Presto, 5-node m3.xlarge HDFS cluster
43	45	27	44	Presto, 50-node m3.xlarge cluster w/ S3
152	175	235	368	PostgreSQL 9.5 & cstore_fdw
264	313	620	961	Spark 1.6, 5-node m3.xlarge cluster w/ S3
448	797	1811	3286	SQLite 3, Parquet & HDFS
1103	1198	2278	6446	Spark 2.2, 3-node Raspberry Pi cluster
31193	NR	NR	NR	SQLite 3, Internal File Format

場景 1：

```
SELECT cab_type,
       count(*)
FROM trips
GROUP BY cab_type;
```

場景 2：

```
SELECT passenger_count,
       avg(total_amount)
FROM trips
GROUP BY passenger_count;
```

場景 3：

```
SELECT passenger_count,
       extract(year from pickup_datetime) AS pickup_year,
       count(*)
FROM trips
GROUP BY passenger_count,
         pickup_year;
```

場景 4：

```
SELECT passenger_count,
       extract(year from pickup_datetime) AS pickup_year,
       cast(trip_distance as int) AS distance,
       count(*) AS the_count
FROM trips
GROUP BY passenger_count,
         pickup_year,
         distance
ORDER BY pickup_year,
         the_count desc;
```

可以看到，在 OLAP 領域，作為開放原始碼資料庫的 ClickHouse 的性能非常高，擁有高性能的 OLAP 資料庫對實現 AIOps 非常有幫助，能夠極大地縮短 AIOps 實現過程中的資料分析與模型訓練的時間。完成資料獲取與儲存後，對原有的監控系統流程進行升級改造。基於基礎監控的 AIOps 實踐如圖 5-2 所示。

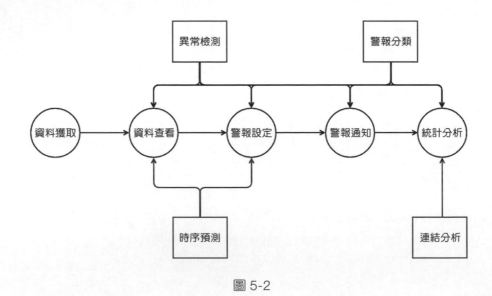

圖 5-2

基於基礎指標監控系統的 **AIOps** 實作方案的常見步驟如下:

（1）將時序預測功能連線資料查看和警報設定功能模組，能夠為監控系統加入動態警報閾值的能力，同時還能在視覺化介面提供指標發展趨勢的曲線。

（2）將異常檢測功能連線資料查看、警報設定、統計分析功能模組，讓系統具備異常資料發現的能力，提升監控系統的監控能力。

（3）將警報分類功能連線警報通知功能模組，提升監控系統的警報分組能力，能夠對警報進行分組合併，提升警報處理的效率。

（4）將連結分析功能連線統計分析模組，讓系統獲得連結分析的能力，能夠列出哪些指標的變化是與待分析指標有連結的，幫助運行維護工程師減少需要分析指標的數量。

> 5.4 基於日誌分析系統的 AIOps

當團隊已經具備比較成熟的日誌分析平台時,可以嘗試在日誌分析平台中加入 AIOps 的能力。由於非結構化資料所帶來的資訊含量更多,所以日誌分析平台可改動的點也會更多。基於日誌分析系統的 AIOps 方案概覽如圖 5-3 所示。

首先,我們可以採用日誌擷取 Agent 對應用、伺服器、中介軟體的日誌進行擷取,擷取完後將日誌輸入日誌分析平台,日誌分析平台會對日誌進行索引,之後就可以對日誌進行檢索和分析了,這是日誌分析平台的基本功能,接下來進行平台升級。

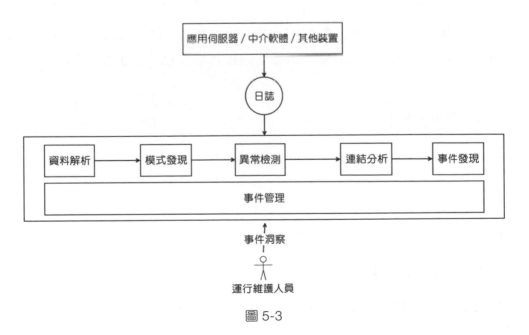

圖 5-3

（1）引入事件管理模組：將事件的警報、CEP（複雜事件處理）所得到的資訊全部轉儲到事件索引中，並且對事件進行結構化處理，提取出物件名稱、創建時間、事件資訊等關鍵欄位。讀者可能會感到疑惑，為什麼要將日誌轉為事件呢？這一切都是為了將多維度的資料轉換到同一個事件維度，並且對資料量進行壓縮。舉個例子，最近 5 分鐘出現了 100 筆 DataBase Connection Refuse 日誌，透過將日誌轉為事件，可以得到一筆資料庫連接失敗的事件。

（2）在日誌資料格式化階段，引入日誌分類的能力，在視覺化設定日誌解析規則的時候，能夠提示此類日誌使用哪種正規表示法或 Grok 運算式進行格式化，降低資料格式化規則的設定難度。

（3）在日誌檢索模組中引入日誌泛化功能，透過日誌聚類的功能實現日誌智慧聚類的能力，即將相似的日誌進行合併，把變化的地方用星號替換，把變動的地方進行合併，這樣能夠極大地降低日誌分析時的閱讀成本。

假設日誌原文如下：

Temperature (41C) exceeds warning threshold
Temperature (41C) exceeds warning threshold
Temperature (41C) exceeds warning threshold
Temperature (41C) exceeds warning threshold

經過日誌泛化功能處理後，得到以下結果：

Temperature (* C) exceeds warning threshold 4

基於日誌分析的 AIOps 實踐如圖 5-4 所示。

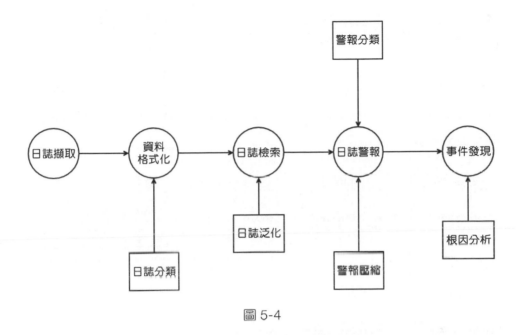

圖 5-4

（1）在日誌警報流程中引入警報分類和警報壓縮的能力，提升平台的警報抑制能力。

（2）在事件發現模組引入警報根因分析模組，透過警報根因分析演算法找出警報的根因，以及警報的傳播鏈，提升運行維護工程師分析警報根因的效率。

5.5 基於知識庫的 AIOps

隨著業務的發展,裝置、網路等基礎設定的運行維護知識也在高速增加,日常運行維護中會累積非常多的運行維護知識。運行維護知識種類如圖 5-5 所示。

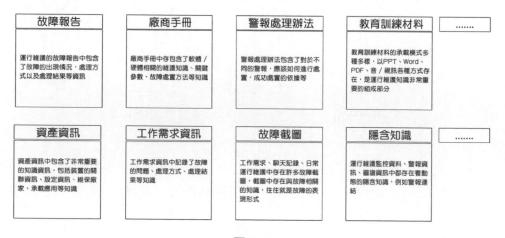

圖 5-5

對於以知識管理為核心的團隊,可以嘗試採用充分利於知識分析的路線進行 AIOps 的實作,在這條路線上,一切的指標、日誌最終都反映為知識。如何讓知識得到更加充分的利用是關鍵。在知識庫的路線下,我們可以加入文字摘要、文字分類、文字聚類、圖譜取出、語義檢索、知識辨識、實體辨識、實體關係提取的能力來實現升級知識庫的目標。基於知識庫的 AIOps 實踐如圖 5-6 所示。

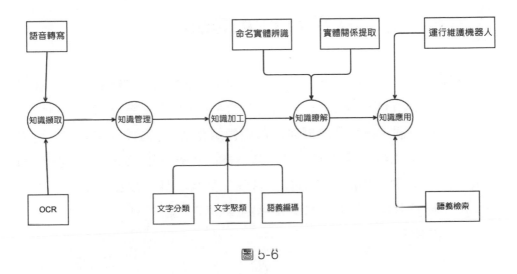

圖 5-6

（1）OCR 和語音轉寫功能作為知識擷取的基礎 AI 能力，可以使資料米源
　　　的擷取更加廣泛。

（2）在知識加工模組中加入文字分類、文字聚類和語義編碼的能力，主要
　　　用於為後續的知識應用和知識瞭解做準備，提供訓練用的基礎素材。

（3）在知識瞭解模組中加入實體辨識和實體關係提取的能力，為後續運
　　　行維護機器人執行運行維護操作做準備。

（4）經歷了前面的一系列應用，提升運行維護效率的功能都可以載入在
　　　知識應用的模組中，一是提供基於語義的檢索能力，讓運行維護知
　　　識更加容易被檢索出來；二是提供運行維護機器人的能力，知識庫
　　　能夠透過自然語言瞭解操作者的意圖；三是提供實體辨識、實體關
　　　係提取、文字相似度檢索能力，聯動 Ansible 完成自動化運行維護的
　　　操作。

> 5.6 基於 AI 平台的 AIOps

AI 平台實作路線是筆者比較推薦的一條實作路線,最主要的原因是 AI 平台將 AI 能力進行統一管理,與具體的應用系統分離。這非常好地解決了 AIOps 沒有一個最佳實踐的問題,透過模組化 AI 能力連線的方式,可以極大地提升 AI 能力的重複使用性,現有的運行維護系統不再需要實現 AI 模型生產所必需的功能(包括資料管理、資料標注、模型管理、模型訓練、顯示卡資源排程、AutoML、模型上線等)。基於 AI 平台的 AIOps 實踐如圖 5-7 所示。

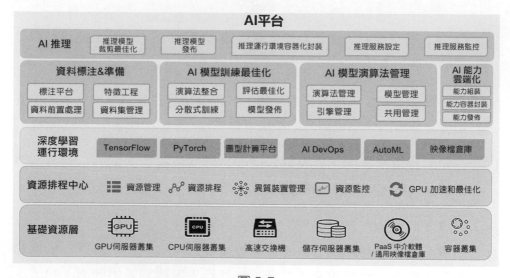

圖 5-7

有了 AI 平台後,我們只需要透過 API 的方式,將 AI 能力曝露給應用即可。在這種模式下,應用不再需要關注演算法是如何從原始的資料最終變成可使用的模型的,只需要根據自身的需要,從 AI 平台上調取平台所需要的 AI 能力即可，對原有運行維護系統的改動最小，能力可重複使用性最大，但是第一次投入的成本也會較大。基於 AI 平台的 AIOps 聯動方式如圖 5-8 所示。

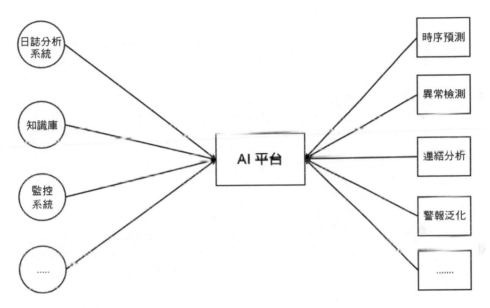

圖 5-8

AIOps 工具套件

在本章中，筆者會挑選一些「開箱即用」的 AIOps 工具套件，讓讀者能夠採用儘量少的程式就能體驗如何透過 AI 演算法提升運行維護效率，所選擇的工具套件以好用和有效為主，期望幫助讀者快速建構屬於自己的 AIOps 工具套件。

> 6.1 應用系統參數自動最佳化

應用系統、作業系統都有非常多可調整的參數，選擇最佳的參數能夠幫助應用系統提升非常多的性能，使得應用系統使用更少的資源表現出更高的性能。但是，這麼多參數，該如何調整才是最合適的呢？在沒有使用 AIOps 工具之前，通常這個任務會交給有經驗的運行維護工程師，他們基於多年的經驗，會在許多參數中選擇最能夠提升應用系統性能的一小批參數進行調整，在測試環境中進行驗證通過後，更新到生產環境中。經過經驗豐富的運行維護工程師進行參數的調整後，應用系統的性能至少能提升 30% ～ 50%。

有沒有辦法讓應用系統自動調整參數呢？假如應用系統能自動調整參數，那麼能不能將參數最佳化做到極致，對這個應用系統的全量參數去做最佳化，而不只是選擇一小部分參數進行最佳化呢？ AIOps 工具套件中的參數自動最佳化工具套件正是解決這個問題的工具套件。微軟開放原始碼的深度學習平台 OpenPAI 中有一個參數自動最佳化元件 NNI，在深度學習中，可以使用 NNI 作為模型的超參數檢索工具，自動化地檢索 AI 演算法中的最佳超參數。這個工具同樣可以遷移到運行維護領域，用自動化參數最佳化工具來最佳化應用系統或作業系統。接下來以最佳化 Kafka 為例介紹 NNI 的使用方法。

Kafka 是一個高性能的訊息中介軟體，假如人工對 Kafka 參數最佳化，則需要花費不少的時間。下面用 NNI 對 Kafka 進行參數的自動化最佳化，找到 Kafka 的最佳參數組合，安裝 Kafka 的過程不再贅述，直接進入 NNI 工具套件使用的主題。

下面是此次使用的 Kafka 設定檔：

```
broker.id=0
num.network.threads=3
num.io.threads-8
socket.send.buffer.bytes=102400
socket.receive.buffer.bytes=102400
socket.request.max.bytes=104857600
log.dirs=/tmp/kafka-logs
num.partitions=1
num.recovery.threads.per.data.dir=1
offsets.topic.replication.factor=1
transaction.state.log.replication.factor=1
transaction.state.log.min.isr=1
log.retention.hours=168
log.segment.bytes=1073741824
log.retention.check.interval.ms=300000
zookeeper.connect=localhost:2181
zookeeper.connection.timeout.ms=18000
group.initial.rebalance.delay.ms=0
```

其中進行超參數檢索的參數為：

- num.network.threads；

- num.io.threads；

- socket.send.buffer.bytes；

- socket.receive.buffer.bytes；

- socket.request.max.bytes；

- num.partitions。

準備好 Kafka 的安裝檔案後先啟動 Kafka，做一些測試前的實驗，Kafka 啟動完成後，先創建一個 topic：

```
./bin/kafka-topics.sh --bootstrap-server 127.0.0.1:9092 --create
--topic test
```

進行一次簡單的性能測試：

```
./bin/kafka-producer-perf-test.sh --topic test --num-records 5000
--record-size 100 --throughput -1 --producer-props acks=0 bootstrap.
servers=127.0.0.1:9092
```

得到以下輸出：

```
5000 records sent, 10638.297872 records/sec (1.01 MB/sec), 2.49 ms avg
latency, 383.00 ms max latency, 1 ms 50th, 12 ms 95th, 13 ms 99th, 13 ms
99.9th.
```

我們期望獲得的性能計數是 10638.297872，以這個值作為參數檢索的性能指標。

一切都準備好後安裝 NNI：

```
pip install nni
```

本次性能基準測試固定每次發送 500000 筆訊息，每筆訊息大小為 100 位元組，關閉生產者的節流操作，期望找到此場景下輸送量最大的參數組合。

編寫 search_space.json 檔案，此檔案是 NNI 用於檢索參數的搜索空間：

```json
{
    "num_network_threads": {
        "_type": "randint",
        "_value": [1, 40]
    },
    "num_io_threads": {
        "_type": "randint",
        "_value": [1, 40]
    },
    "socket_send_buffer_bytes": {
        "_type": "randint",
        "_value": [10240, 1024000]
    },
    "socket_receive_buffer_bytes": {
        "_type": "randint",
        "_value": [10240, 1024000]
    },
    "socket_request_max_bytes": {
        "_type": "randint",
        "_value": [10485760, 1048576000]
    },
    "num_partitions": {
        "_type": "randint",
        "_value": [1, 40]
    }
}
```

編寫測試程式的主函數：

```python
import nni
from jinja2 import Template
```

```python
import time
import os
from logzero import logger


def run(**parameters):
    num_network_threads = parameters['num_network_threads']
    num_io_threads = parameters['num_io_threads']
    socket_send_buffer_bytes = parameters['socket_send_buffer_bytes']
    socket_receive_buffer_bytes = parameters['socket_receive_buffer_bytes']
    socket_request_max_bytes = parameters['socket_request_max_bytes']
    num_partitions = parameters['num_partitions']

    with open('./conf.jinja2', 'r') as file_:
        template = Template(file_.read())
        rendered = template.render(
            num_network_threads=num_network_threads,
            num_io_threads=num_io_threads,
            socket_send_buffer_bytes=socket_send_buffer_bytes,
            socket_receive_buffer_bytes=socket_receive_buffer_bytes,
            socket_request_max_bytes=socket_request_max_bytes,
            num_partitions=num_partitions
        )
    with open('/home/softs/kafka_2.12-2.7.0/config/server.properties',
'w') as f:
        f.write(rendered)
    os.popen('/home/softs/kafka_2.12-2.7.0/bin/kafka-server-start.sh
-daemon /home/softs/kafka_2.12-2.7.0/config/server.properties')

    logger.info('Kafka 啟動成功 ')
    time.sleep(3)

    logger.info(' 執行性能測試 ')
```

```
    p = os.popen('/home/softs/kafka_2.12-2.7.0/bin/kafka-producer-perf-
test.sh --topic test --num-records 5000 --record-size 100 --throughput -1
--producer-props acks=0 bootstrap.servers=127.0.0.1:9092')
    content = p.read()
    score=content.split(',')[1].strip().split(' ')[0]
    os.popen('/home/softs/kafka_2.12-2.7.0/bin/kafka-server-stop.sh')
    logger.info('Kafka 停止成功 ')
    return float(score)


def generate_params(received_params):
    params = {
        "num_network_threads": 1,
        "num_io_threads": 8,
        "socket_send_buffer_bytes": 102400,
        "socket_receive_buffer_bytes": 102400,
        "socket_request_max_bytes": 104857600,
        "num_partitions": 1,
    }

    for k, v in received_params.items():
        params[k] = int(v)

    return params

received_params = nni.get_next_parameter()
params = generate_params(received_params)

throughput = run(**params)
nni.report_final_result(throughput)
```

程式的邏輯如下：

（1）從 NNI 中獲取本次輸入的參數。

（2）將參數轉換成 Kafka 的設定檔。

（3）啟動 Kafka。

（4）執行 Kafka 生產者性能測試。

（5）獲取生產者的每秒訊息生產速率。

（6）停止 Kafka。

以上 6 個步驟形成了一個完整的評測使用案例，剩下的檢索工作就可以交給 NNI 去完成了。編寫 config_tpe.yml：

```
authorName: default
experimentName: auto_kafka_TPE
trialConcurrency: 1
maxExecDuration: 12h
maxTrialNum: 15
trainingServicePlatform: local
searchSpacePath: search_space.json
useAnnotation: false
tuner:
  builtinTunerName: TPE
  classArgs:
    optimize_mode: maximize
trial:
  command: python3 main.py
  codeDir: .
  gpuNum: 0
```

執行 nnictl create --config ./config_tpe.yml 可以看到如圖 6-1 所示的資訊，表示啟動 NNI 並測試成功。

```
INFO:   expand searchSpacePath: search_space.json to /home/workspaces/kafka-autoturn/search_space.json
INFO:   expand codeDir: . to /home/workspaces/kafka-autoturn/.
INFO:   Starting restful server...
INFO:   Successfully started Restful server!
INFO:   Setting local config...
INFO:   Successfully set local config!
INFO:   Starting experiment...
INFO:   Successfully started experiment!
--------------------------------------------------------------------------
The experiment id is KLnOHhko
The Web UI urls are: http://127.0.0.1:8080   http://192.168.199.249:8080   http://172.17.0.1:8080
--------------------------------------------------------------------------

You can use these commands to get more information about the experiment
--------------------------------------------------------------------------
      commands                    description
1. nnictl experiment show     show the information of experiments
2. nnictl trial ls            list all of trial jobs
3. nnictl top                 monitor the status of running experiments
4. nnictl log stderr          show stderr log content
5. nnictl log stdout          show stdout log content
6. nnictl stop                stop an experiment
```

圖 0-1

此時可以查看 NNI 的概覽介面，概覽介面展示了此次評估執行的次數、
執行的時間、最好的評估結果及評估 Top10 的評估結果，NNI 參數最佳
化首頁如圖 6-2 所示。

圖 6-2

點擊 "Experiment" 進入詳情介面，Default metric 介面展示了每一次實驗的評估結果，可以直觀地看到每一次性能評估的變化，如圖 6-3 所示。

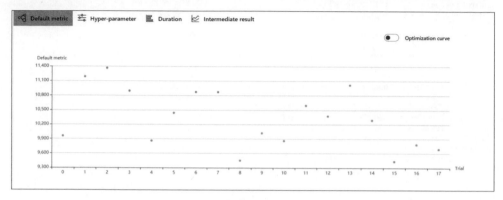

圖 6-3

Hyper-parameter 介面展示了每個評估結果所對應的參數，如圖 6-4 所示。

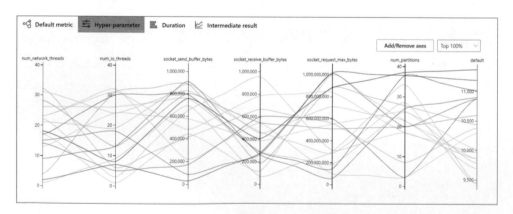

圖 6-4

在 Duration 介面中可以查看每次評估執行的時長,如圖 6-5 所示。

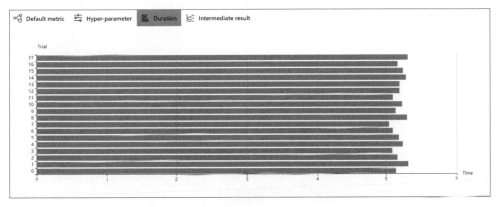

圖 6-5

我們可以在 Trial Jobs 介面中查看本次實驗檢索出來的最佳參數,如圖 6-6 所示。

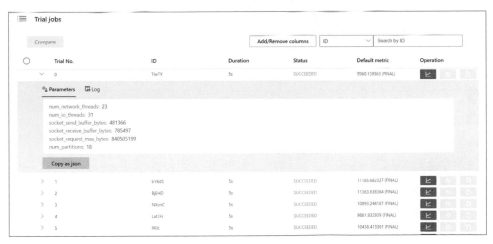

圖 6-6

簡單介紹一下 search_space.json 和 config_tpe.yml，首先是 search_space. json，這個檔案是用來定義每個超參數的檢索範圍的，用於控制每次評估傳入哪些參數，具體的設定可以參考【連結 12 】。

再看另外一份檔案 config_tpe.yml，這是啟動參數檢索的描述檔案，其中最重要的參數如下：

- maxExecDuration：最大執行時間；

- maxTrialNum：最大執行次數；

- searchSpacePath：參數檢索空間的路徑；

- builtinTunerName：最佳化器的演算法名稱；

- optimize_mode：最佳化器的最佳化方向，是越大越好還是越小越好；

- command：執行評測的指令稿。

可選的最佳化器可以參考【連結 13 】。

> 6.2 智慧日誌分析

在日常運行維護過程中，我們會收集非常多的日誌資訊，日誌資訊中有非常多有價值的資訊，但是期望透過人工去分析全量的日誌資料是不現實的。這時就可以使用模式發現演算法找出巨量日誌中的模式。對日誌使用模式發現演算法，最直接的幫助就是能夠透過觀察少量的模式分析全量的資料，大大提升了日誌分析的效率。更進一步，可以做日誌模式的統計分析，發現那些以前沒有出現過的日誌模式，提醒運行維護工程師引起關注，也可以對日誌模式進行相較去年和環比分析，觀察日誌在一個週期內的變化幅度是否正常。

Spell 演算法是李飛飛等人在論文 *Spell Streaming Parsing of System Event Logs* 中提出來的，該論文提出了一種線上即時動態解析日誌的方法，基於最長公共子序列的方式，提供了即時處理日誌資料登錄、不斷生成新的日誌模式的能力。

一般來說，日誌都是以一定模式存在的，主要原因是日誌是由程式產生的，開發人員在編寫程式的時候，都會使用一定的範本。以 Python 為例，在輸出日誌的時候會編寫以下程式，導致日誌在產生後本身就是範本化的：

```
logger.info(f' 當前使用者為 :[{user_name}], 執行操作 :[{action}]')
```

由於日誌分析平台存放了巨量的日誌，透過一個演算法自我調整地提取日誌中的範本是最合適的。換個角度，直接從日誌原文來看，也可以非常明顯地看出日誌是有一定模式的。下面以 Apache 日誌為例說明：

```
[Sun Dec 04 04:47:44 2005] [notice] workerEnv.init() ok /etc/httpd/conf/
workers2.properties
[Sun Dec 04 04:47:44 2005] [error] mod_jk child workerEnv in error state 6
[Sun Dec 04 04:51:08 2005] [notice] jk2_init() Found child 6725 in
scoreboard slot 10
[Sun Dec 04 04:51:09 2005] [notice] jk2_init() Found child 6726 in
scoreboard slot 8
[Sun Dec 04 04:51:09 2005] [notice] jk2_init() Found child 6728 in
scoreboard slot 6
```

可以看到以下日誌：

```
[Sun Dec 04 04:51:08 2005] [notice] jk2_init() Found child 6725 in
scoreboard slot 10
[Sun Dec 04 04:51:09 2005] [notice] jk2_init() Found child 6726 in
scoreboard slot 8
[Sun Dec 04 04:51:09 2005] [notice] jk2_init() Found child 6728 in
scoreboard slot 6
```

這三行日誌能夠以一個模式歸併：

```
[Sun Dec 04 04:51:* 2005] [notice] jk2_init() Found child 6728 in
scoreboard slot *
```

日誌按照一定模式歸併後，需要被分析的日誌量會下降非常多，使得運行維護工程師很容易從巨量日誌中洞察日誌的價值。

6.2.1 日誌模式發現

下面以 Loghub 專案所提供的 Apache 資料集為例，體驗日誌模式發現功能帶來的效果。

Loghub 專案位址為【連結 14】。

選擇 Apache 的 Acces log 作為範例資料，總資料量有 2000 行：

```
[Sun Dec 04 04:47:44 2005] [notice] workerEnv.init() ok /etc/httpd/conf/
workers2.properties
[Sun Dec 04 04:47:44 2005] [error] mod_jk child workerEnv in error state 6
[Sun Dec 04 04:51:08 2005] [notice] jk2_init() Found child 6725 in
scoreboard slot 10
[Sun Dec 04 04:51:09 2005] [notice] jk2_init() Found child 6726 in
scoreboard slot 8
```

```
[Sun Dec 04 04:51:09 2005] [notice] jk2_init() Found child 6728 in
scoreboard slot 6
[Sun Dec 04 04:51:14 2005] [notice] workerEnv.init() ok /etc/httpd/conf/
workers2.properties
[Sun Dec 04 04:51:14 2005] [notice] workerEnv.init() ok /etc/httpd/conf/
workers2.properties
[Sun Dec 04 04:51:14 2005] [notice] workerEnv.init() ok /etc/httpd/conf/
workers2.properties
[Sun Dec 04 04:51:18 2005] [error] mod_jk child workerEnv in error state 6
[Sun Dec 04 04:51:18 2005] [error] mod_jk child workerEnv in error state 6
[Sun Dec 04 04:51:18 2005] [error] mod_jk child workerEnv in error state 6
[Sun Dec 04 04:51:37 2005] [notice] jk2_init() Found child 6736 in
scoreboard slot 10
[Sun Dec 04 04:51:38 2005] [notice] jk2_init() Found child 6733 in
scoreboard slot 7
[Sun Dec 04 04:51:38 2005] [notice] jk2_init() Found child 6734 in
scoreboard slot 9
[Sun Dec 04 04:51:52 2005] [notice] workerEnv.init() ok /etc/httpd/conf/
workers2.properties
[Sun Dec 04 04:51:52 2005] [notice] workerEnv.init() ok /etc/httpd/conf/
workers2.properties
[Sun Dec 04 04:51:55 2005] [error] mod_jk child workerEnv in error state 6
[Sun Dec 04 04:52:04 2005] [notice] jk2_init() Found child 6738 in
scoreboard slot 6
[Sun Dec 04 04:52:04 2005] [notice] jk2_init() Found child 6741 in
scoreboard slot 9
[Sun Dec 04 04:52:05 2005] [notice] jk2_init() Found child 6740 in
scoreboard slot 7
......
```

新建 spell.py，程式實現參考【連結 15】。

編寫 lcsobj 物件，主要負責處理最長公共子序列的相關邏輯：

```python
class lcsobj():

    def getlcs(self, seq):
        if isinstance(seq, str) == True:
            seq = re.split(self._refmt, seq.lstrip().rstrip())
        count = 0
        lastmatch = -1
        for i in range(len(self._lcsseq)):
            if self._ispos(i) == True:
                continue
            for j in range(lastmatch+1, len(seq)):
                if self._lcsseq[i] == seq[j]:
                    lastmatch = j
                    count += 1
                    break
        return count

    def insert(self, seq, lineid):
        if isinstance(seq, str) == True:
            seq = re.split(self._refmt, seq.lstrip().rstrip())
        self._lineids.append(lineid)
        temp = ""
        lastmatch = -1
        placeholder = False

        for i in range(len(self._lcsseq)):
            if self._ispos(i) == True:
                if not placeholder:
                    temp = temp + "* "
                placeholder = True
                continue
```

```python
        for j in range(lastmatch+1, len(seq)):
            if self._lcsseq[i] == seq[j]:
                placeholder = False
                temp = temp + self._lcsseq[i] + " "
                lastmatch = j
                break
            elif not placeholder:
                temp = temp + "* "
                placeholder = True
    temp = temp.lstrip().rstrip()
    self._lcsseq = re.split(" ", temp)


    self._pos = self._get_pos()
    self._sep = self._get_sep()


def param(self, seq):
    if isinstance(seq, str) == True:
        seq = re.split(self._refmt, seq.lstrip().rstrip())


    j = 0
    ret = []
    for i in range(len(self._lcsseq)):
        slot = []
        if self._ispos(i) == True:
            while j < len(seq):
                if i != len(self._lcsseq)-1 and self._lcsseq[i+1] ==
seq[j]:
                    break
                else:
                    slot.append(seq[j])
                j+=1
            ret.append(slot)
```

```python
            elif self._lcsseq[i] != seq[j]:
                return None
            else:
                j += 1

        if j != len(seq):
            return None
        else:
            return ret

    def re_param(self, seq):
        if isinstance(seq, list) == True:
            seq = ' '.join(seq)
        seq = seq.lstrip().rstrip()

        ret = []
        print(self._sep)
        print(seq)
        p = re.split(self._sep, seq)
        for i in p:
            if len(i) != 0:
                ret.append(re.split(self._refmt, i.lstrip().rstrip()))
        if len(ret) == len(self._pos):
            return ret
        else:
            return None

    def _ispos(self, idx):
        for i in self._pos:
            if i == idx:
                return True
        return False
```

```python
def _tcat(self, seq, s, e):
    sub = ''
    for i in range(s, e + 1):
        sub += seq[i] + " "
    return sub.rstrip()


def _get_sep(self):
    sep_token = []
    s = 0
    e = 0
    for i in range(len(self._lcsseq)):
        if self._ispos(i) == True:
            if s != e:
                sep_token.append(self._tcat(self._lcsseq, s, e))
            s = i + 1
            e = i + 1
        else:
            e = i
        if e == len(self._lcsseq) - 1:
            sep_token.append(self._tcat(self._lcsseq, s, e))
            break

    ret = ""
    for i in range(len(sep_token)):
        if i == len(sep_token)-1:
            ret += sep_token[i]
        else:
            ret += sep_token[i] + '|'
    return ret


def _get_pos(self):
    pos = []
```

```
        for i in range(len(self._lcsseq)):
            if self._lcsseq[i] == '*':
                pos.append(i)
        return pos


    def get_id(self):
        return self._id
```

編寫 lscmap 類別，用於管理 lcsobj 實例，並返回匹配度最高的 lcsobj 物件：

```
class lcsmap():


    def insert(self, entry):
        seq = re.split(self._refmt, entry.lstrip().rstrip())
        obj = self.match(seq)
        if obj == None:
            self._lineid += 1
            obj = lcsobj(self._id, seq, self._lineid, self._refmt)
            self._lcsobjs.append(obj)
            self._id += 1
        else:
            self._lineid += 1
            obj.insert(seq, self._lineid)

        return obj


    def match(self, seq):
        if isinstance(seq, str) == True:
            seq = re.split(self._refmt, seq.lstrip().rstrip())
        bestmatch = None
        bestmatch_len = 0
        seqlen = len(seq)
```

```python
    for obj in self._lcsobjs:
        objlen = obj.length()
        if objlen < seqlen/2 or objlen > seqlen*2: continue

        l = obj.getlcs(seq)
        if l >= seqlen/2 and l > bestmatch_len:
            bestmatch = obj
            bestmatch_len = l
    return bestmatch

def objat(self, idx):
    return self._lcsobjs[idx]

def size(self):
    return len(self._lcsobjs)
```

編寫主函數 main.py：

```python
import spell as s

slm = s.lcsmap('[\\s]+')
with open('./Apache_2k.log','r') as f:
    lines=f.readlines()
    for row in lines:
        slm.insert(row)
```

執行上述程式後，演算法會對所讀取的日誌進行分析，得到一個日誌模式的模型：

```python
with open('./Apache_2k.log','r') as f:
    lines=f.readlines()
    for row in lines:
        print(' '.join(slm.match(row)._lcsseq))
```

對 2000 筆 Apache Access Log 進行模式發現，得到以下結果：

```
* Dec * 2005] [notice] workerEnv.init() ok /etc/httpd/conf/workers2.
properties
[Sun Dec 04 * 2005] [error] mod_jk child *
[Sun Dec 04 * 2005] * jk2_init() * child * in scoreboard *
[Sun Dec 04 * 2005] * jk2_init() * child * in scoreboard *
[Sun Dec 04 * 2005] * jk2_init() * child * in scoreboard *
* Dec * 2005] [notice] workerEnv.init() ok /etc/httpd/conf/workers2.
properties
* Dec * 2005] [notice] workerEnv.init() ok /etc/httpd/conf/workers2.
properties
* Dec * 2005] [notice] workerEnv.init() ok /etc/httpd/conf/workers2.
properties
[Sun Dec 04 * 2005] [error] mod_jk child *
[Sun Dec 04 * 2005] [error] mod_jk child *
[Sun Dec 04 * 2005] [error] mod_jk child *
[Sun Dec 04 * 2005] * jk2_init() * child * in scoreboard *
[Sun Dec 04 * 2005] * jk2_init() * child * in scoreboard *
[Sun Dec 04 * 2005] * jk2_init() * child * in scoreboard *
* Dec * 2005] [notice] workerEnv.init() ok /etc/httpd/conf/workers2.
properties
* Dec * 2005] [notice] workerEnv.init() ok /etc/httpd/conf/workers2.
properties
......
```

可以看到，Spell 演算法已經將變動的文字打上了星號，保留了沒有變動的文字。

使用 Pandas 對資料進行分組：

```
df=pd.DataFrame(df_list)
df.value_counts()
```

2000 筆 Apache Access Log 最終變成了 7 組，第一列是這一組的模式，第二列是這一組的總數量，在巨量日誌的分析下，使用模式發現的效果會更加明顯。

```
* Dec * 2005] [notice] workerEnv.init() ok /etc/httpd/conf/workers2.
properties                                                        569
[Sun Dec 04 * 2005] * jk2_init() * child * in scoreboard *        448
[Mon Dec 05 * 2005] * jk2_init() * child * in scoreboard *        400
[Sun Dec 04 * 2005] [error] mod_jk child *                        287
[Mon Dec 05 * 2005] * child * in * 6                              180
[Mon Dec 05 * 2005] [error] mod_jk child *                         84
* Dec * 2005] [error] [client * Directory index forbidden by rule: /var/
www/html/                                                          32
```

6.2.2 日誌模式統計分析

有了日誌模式發現模型，我們就可以對每天的日誌做一個模式發現，得到每天的分組模式分佈情況。假設有以下兩天的模式發現結果。

第一天：

```
* Dec * 2005] [notice] workerEnv.init() ok /etc/httpd/conf/workers2.
properties                                                        569
[Sun Dec 04 * 2005] * jk2_init() * child * in scoreboard *        448
[Mon Dec 05 * 2005] * jk2_init() * child * in scoreboard *        400
[Sun Dec 04 * 2005] [error] mod_jk child *                        287
[Mon Dec 05 * 2005] * child * in * 6                              180
[Mon Dec 05 * 2005] [error] mod_jk child *                         84
```

第二天：

```
* Dec * 2005] [notice] workerEnv.init() ok /etc/httpd/conf/workers2.
properties                                                   1569
[Sun Dec 04 * 2005] * jk2_init() * child * in scoreboard *    448
[Mon Dec 05 * 2005] * jk2_init() * child * in scoreboard *    400
[Sun Dec 04 * 2005] [error] mod_jk child *                    287
[Mon Dec 05 * 2005] * child * in * 6                          180
[Mon Dec 05 * 2005] [error] mod_jk child *                     84
* Dec * 2005] [error] [client * Directory index forbidden by rule:
/var/www/html/                                                 10
```

透過對兩天的日誌模式進行統計分析，可以快速得出兩個結論：

（1） * Dec * 2005] [notice] workerEnv.init() ok /etc/httpd/conf/workers2. properties 模式的日誌增長率過高，和前一天的模式數量差異過大，需要引起關注。

（2） * Dec * 2005] [error] [client * Directory index forbidden by rule: /var/www/html/ 模式在第一天沒有出現，也屬於需要引起關注的日誌。

可以看到，透過日誌模式統計分析，能夠快速在巨量日誌中得到一個分析的方向，在沒有日誌模式發現功能之前，這是不可想像的。

6.2.3 即時異常檢測

既然能夠對日誌進行批次處理的日誌模式發現，自然也能夠使用 Spell 演算法對日誌進行即時流式的異常檢測。使用 Spell 演算法訓練後的模型能夠被匯出為模型檔案，演算法服務載入此模型檔案，在 Kafka 中對日誌進行消費。當發現異常的日誌時，給日誌打上異常標籤，系統就可以根據此標籤觸發警報或生成事件了。即時異常檢測的設計方案如圖 6-7 所示。

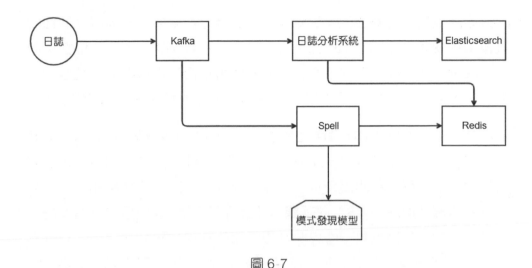

圖 6-7

採用日誌模式發現之後，很多事情都變得容易了。舉例來說，我們能夠即時地發現異常日誌，將警報內容進行日誌模式發現，按照警報模式對警報進行分組，對日誌模式進行即時的統計分析，等等。日誌模型發現工具 Spell 是 AIOps 工具套件裡面的一件非常實用的工具。

> **6.3 警報連結分析**

在日常運行維護過程中，我們經常需要判斷某個指標的異常是否由其他指標的異常而引起的。一個典型的案例是 Web 撥測發現系統已經無回應了，系統給運行維護工程師發出了警報資訊，根據運行維護工程師的經驗，找到 CPU、記憶體、I/O 指標的曲線，然後分析究竟是哪個指標的異常導致應用系統無回應的。這在應用架構比較簡單的時候是可行的，因為伺服器數量、應用數量，以及所監控的指標數量都比較小，運行維護工程師憑藉自身的經驗還能夠處理得過來。但是，一方面隨著監控系統的完善，現在運行維護工程師所能掌握的指標非常多，光伺服器層面的監控指標就輕易超過了 100 個。另一方面，隨著容器、微服務等技術的普遍應用，運行維護工程師需要面對的應用拓撲也從以前的單體應用變成了分散式應用，快速找到關鍵的指標能夠有效地提升故障處理的效率。

微軟在 2014 年 SIGKDD 會議上發表了一篇論文 *Correlating Events with Time Series for Incident Diagnosis*，這篇論文提出了一種無監督和統計判別的演算法，可以檢測出事件（E）與時間序列（S）的連結關係，並且可以檢測出時間序列（S）的單調性（上升或下降）。利用這個演算法，可以做到當出現警報後，將與此警報相關的指標找出來，提升警報分析的效率，可以將警報連結分析的能力（【連結 16】）加入演算法工具套件。

下面我們看一下使用此工具能夠達到怎樣的效果？範例資料所使用的指標如表 6-1 所示。

表 6-1

指標項	中文含義	功能
host.alive	存活監控	警告項
cpu.idle	CPU 空閒率	監控項
mem.swapused.percent	Swap 使用率	監控項
mem.memused.percent	記憶體使用率	監控項
net.if.total.bits.sum	網路卡流量	監控項
ss.closed	closed 狀態連接數	監控項

host.alive 是 警 報 項，cpu.idle、mem.swapused.percent、mem.memused.percent、net.if.total.bits.sum 及 ss.closed 是監控項，需要解決的問題是分析哪些監控項與 host.alive 警報是有連結的。整個項目包含一份關鍵的程式。 執 行 PYTHONPATH=pwd python3 ./examples/alarm_association.py，會得到以下結果：

```
cpu.idle is not related to alarm
net.if.total.bits.sum is related to alarm
mem.memused.percent is related to alarm
mem.swapused.percent is related to alarm
ss.closed is not related to alarm
```

可以看到，演算法會發現與 host.alive 警報相關的指標有 net.if.total.bits.sum、mem.memused. percent、mem.swapused.percent。

它 是 如 何 實 現 的？ 在 *Correlating Events with Time Series for Incident Diagnosis* 論文中，警報連結分析分解為三個問題：

（1）事件和時間序列是否存在連結性。

（2）連結關係的因果關係，是事件導致了時間序列的變化，還是時間序列導致了事件的發生。

（3）連結關係的單調性影響，用於判斷時間序列是突增還是突降了。

對應到程式的實現，可以參考 aiopstools 項目中的 alarm_association.py：

```
from __future__ import division
import random
import math
from operator import itemgetter


def mixdata(alarmtime, timeseries_set, timeseries):
```

```python
        """
        :param alarmtime: 警告的時刻序列，已經排好順序
        :param timeseries_set: 每個警告時刻的時間序列組成的時序集
        :param timeseries: 警告時刻整體區間內的時序資料
        :return:mixset 是混合集，alarm_number 是警告樣本個數，random_number 是隨
機樣本個數
        """
        mixset = []
        alarm_number = 0
        random_number = 0
        timegap = int((alarmtime[-1]-alarmtime[0]) / 600)
        randomnum = min(len(alarmtime), int(3*timegap/4)) - 1
        for i in range(len(alarmtime)):
            data = timeseries_set[i]
            data.append('alarm')
            if len(data) > 1 and data not in mixset:
                mixset.append(data)
                alarm_number += 1
        while randomnum > 0:
            end = random.randint(5, len(timeseries))
            start = end - 5
            data = timeseries[start:end]
            data.append("random")
            randomnum -= 1
            if len(data) > 1 and data not in mixset:
                mixset.append(data)
                random_number += 1
        return mixset, alarm_number, random_number


def distance(data1,data2):
    dis = 0
    for i in range(0, len(data1)-1):
```

```
        dis += (data1[i]-data2[i]) ** 2
    dis = math.sqrt(dis)
    return dis


def feature_screen(mixset, alarm_number, random_number):
    """
    :param mixset: 警告序列與隨機序列的混合集
    :param alarm_number: 警告序列個數
    :param random_number: 隨機序列個數
    :return: 監控項與警告是否相關
    """
    if alarm_number == 0 or random_number == 0:
        return False
    sum_number = alarm_number + random_number
    mean = (alarm_number/sum_number) ** 2 + (random_number/sum_number) ** 2
    stdDev = (alarm_number/sum_number) * (random_number/sum_number) *
(1 + 4 * (random_number/sum_number) * (alarm_number / sum_number))
    R = 10
    trp = 0
    alapha = 1.96
    for j in range(len(mixset)):
        tempdic = {}
        for k in range(len(mixset)):
            if j == k:
                continue
            dis = distance(mixset[j], mixset[k])
            tempdic.setdefault(k, dis)
        temp_list = sorted(tempdic.items(), key=itemgetter(1),
reverse=False)[0:R]
        for k in temp_list:
            if mixset[j][-1] == mixset[k[0]][-1]:
                trp += 1
```

```
    trp = float(trp / (R*sum_number))
    check = (abs(trp-mean) / stdDev) * math.sqrt(R*sum_number)
    if check > alapha:
        return True
    return False


def get_GR(alarmseries,nomalseries):
    '''
    :param alarmseries: 單一警告的時間序列
    :param nomalseries: 整體警告的時間序列
    :return:
    '''
    cutnum = 10   # 切分份數
    maxvalue = float("-inf")
    minvalue = float("inf")
    GR = 0
    while None in alarmseries:
        alarmseries.remove(None)
    C1 = len(alarmseries)
    if max(alarmseries) > maxvalue:
        maxvalue = max(alarmseries)
    if min(alarmseries) < minvalue:
        minvalue = min(alarmseries)
    while None in nomalseries:
        nomalseries.remove(None)
    C2 = len(nomalseries)
    if max(nomalseries) > maxvalue:
        maxvalue = max(nomalseries)
    if min(nomalseries) < minvalue:
        minvalue = min(nomalseries)
    value_gap = (maxvalue-minvalue) / cutnum
    print(C1)
```

```
    print(C2)
    if C1 == 0 or C2 == 0 or value_gap == 0:
        return GR
    HD = (C1 / (C1+C2)) * math.log((C1 / (C1+C2)), 2) + (C2 / (C1+C2)) *
math.log((C2 / (C1+C2)), 2)
    Neg = [0] * (cutnum+1)
    Pos = [0] * (cutnum+1)
    for value in alarmseries:
        temp_count = int((value-minvalue) / value_gap) + 1
        if temp_count > cutnum:
            temp_count = cutnum
        Neg[temp_count] += 1
    for value in nomalseries:
        temp_count = int((value-minvalue) / value_gap) + 1
        if temp_count > cutnum:
            temp_count = cutnum
        Pos[temp_count] += 1
    HDA = 0
    HAD = 0
    for j in range(1, cutnum + 1):
        temp = 0
        if Neg[j] != 0 and Pos[j] != 0:
            HAD += ((Neg[j]+Pos[j]) / (C1+C2)) * math.log(((Neg[j]+Pos[j]) /
(C1+C2)), 2)
            temp = (Neg[j] / (Neg[j]+Pos[j])) * math.log((Neg[j] /
(Neg[j]+Pos[j])), 2) + (Pos[j] / (Neg[j]+Pos[j])) * math.log((Pos[j] /
(Neg[j]+Pos[j])), 2)
        elif Neg[j] == 0 and Pos[j] != 0:
            HAD += ((Neg[j]+Pos[j]) / (C1+C2)) * math.log(((Neg[j]+Pos[j]) /
(C1 + C2)), 2)
        elif Pos[j] == 0 and Neg[j] != 0:
            HAD += ((Neg[j]+Pos[j]) / (C1+C2)) * math.log(((Neg[j]+Pos[j]) /
```

```
(C1+C2)), 2)
        HDA += ((Neg[j]+Pos[j]) / (C1+C2)) * temp
    GR = (HD - HDA) / HAD
    return GR
```

有了此工具套件之後，我們可以將它嵌入警報引擎，當發生警報之後，將指標與警報一起作為此工具套件的輸入，得到輸出後，在警報中附上相關的建議，縮小運行維護工程師需要排除的指標的範圍，提升故障排除的效率。值得注意的是，警報發送和警報連結分析所列出的建議不要串聯實現，因為在生產環境中，由於指標數量繁多，計算需要花費一點時間，而警報是需要及時送達給運行維護工程師的，建議在分析完警報連結性之後，採用非同步的方式寫入警報記錄。

警報管理分析實作模式如圖 6-8 所示。

警報連結分析是 AIOps 的常見場景，也是非常容易提升效率的場景，建議將此工具加入讀者的 AIOps 工具套件。

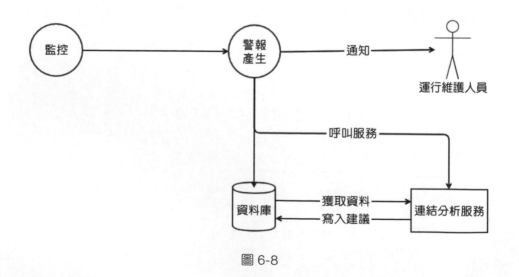

圖 6-8

> 6.4 語義檢索

語義檢索功能常用在知識庫模組上，在日常運行維護過程中，運行維護
工程師往往累積了大量的知識，但是又沒有一個便捷的工具能夠找到這
些知識。Elasticsearch 這樣的資料庫能夠透過倒排索引幫助運行維護工程
師透過關鍵字對資料進行檢索，使用倒排索引進行檢索的優點是準確度
高，缺點是無法根據檢索者所表達的語義進行檢索，將最合適的知識推
薦給使用者。倒排索引檢索如圖 6-9 所示。

圖 6-9

相比倒排索引檢索的模式，語義檢索的模式是將目標檢索敘述編碼為一
個矩陣，再透過矩陣在資料庫中尋找與此矩陣相似度最高的敘述，返回
語義最相近的檢索結果。語義檢索如圖 6-10 所示。

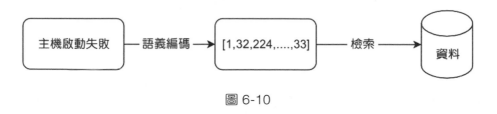

圖 6-10

在預訓練語義模型出現之前，要完成語義檢索是一件相對麻煩的事情，
一方面需要準備大量的語料作為訓練素材，另一方面需要有強大的算力

才能完成語言模型的訓練。當預訓練語義模型出現之後,要完成語義檢索任務就變得簡單多了。其中最有代表性的為 Bert 系列,Google 的 Bcrt 一經推出就打破了十多項紀錄,NLP 領域語義檢索的精確度也隨著 Bert 的出現獲得了不少的提升。在 AIOps 上,我們也可以使用 Bert 對知識庫的知識進行語義編碼,完成知識語義檢索的功能。透過語義檢索搭配倒排索引檢索的功能,為運行維護工程師提供更加強大的運行維護知識庫能力。

6.4.1 Bert-As-Service

Bert-As-Service 專案是一個將 Bert 的功能封裝好的「開箱即用」的工具套件,透過使用此工具套件,我們能夠以極低的成本完成語義檢索的功能。

安裝 Bert-As-Service:

```
pip3 install bert-serving-server
pip3 install bert-serving-client
pip3 install tensorflow-gpu==1.13.4
```

Bert-As-Service 安裝完畢後需要使用 Bert 的預訓練模型,這裡我們使用哈爾濱工業大學提供的 Bert 預訓練模型(【連結 17】),下載 "BERT-wwm, Chinese" 預訓練模型。

模型下載完畢後,啟動服務端:

```
bert-serving-start -model_dir /tmp/english_L-12_H-768_A-12/ -num_worker=1
```

```
I:GRAPHOPT:[gra:opt:132]:load parameters from checkpoint...
I:GRAPHOPT:[gra:opt:136]:optimize...
I:GRAPHOPT:[gra:opt:144]:freeze...
I:GRAPHOPT:[gra:opt:149]:write graph to a tmp file: /tmp/tmp05ieqgst
I:VENTILATOR:[__i:__i: 75]:optimized graph is stored at: /tmp/tmp05ieqgst
I:VENTILATOR:[__i:_ru:129]:bind all sockets
I:VENTILATOR:[__i:_ru:133]:open 8 ventilator-worker sockets
I:VENTILATOR:[__i:_ru:136]:start the sink
I:SINK:[__i:_ru:306]:ready
I:VENTILATOR:[__i:_ge:222]:get devices
I:VENTILATOR:[__i:_ge:255]:device map:
                worker  0 -> gpu  0
I:WORKER-0:[__i:_ru:531]:use device gpu: 0, load graph from /tmp/tmp05ieqgst
I:WORKER-0:[__i:gen:559]:ready and listening!
I:VENTILATOR:[__i:_ru:164]:all set, ready to serve request!
```

當看到 "I:VENTILATOR:[__i:_ru:164]:all set, ready to serve request!" 的時
候，表示服務端啟動完成，接下來可以使用用戶端 SDK 獲取文字的語義
編碼：

```
from bert_serving.client import BertClient
bc = BertClient()
rs=bc.encode(['IP 為 127.0.0.1 的主機啟動失敗 ','Zabbix 警報：主機 CPU 負載過
高 '])
print(rs)
```

將我們期望被語義編碼的知識標題傳入 encode 函數，得到語義編碼矩
陣：

```
[[ 0.58720016  0.06937832  0.6031635  ...  0.5306102  -0.06607438
  -0.39411104]
 [ 0.39919484 -0.0757445   0.16896145 ...  0.1066585  -0.49570328
  -0.18832839]]
```

接下來嘗試一下語義檢索，對範例程式進行一些修改：

```
from bert_serving.client import BertClient
import numpy as np
```

```
bc = BertClient()
questions=[' 主機啟動失敗 ','Zabbix 警報：主機 CPU 負載過高 ']
doc_vecs=bc.encode(questions)

query_vec = bc.encode([' 系統無法開機 '])[0]
score = np.sum(query_vec * doc_vecs, axis=1)
topk_idx = np.argsort(score)[::-1]
for idx in topk_idx:
  print('> %s\t%s' % (score[idx], questions[idx]))
```

上面的程式對「主機啟動失敗」和「Zabbix 警報：主機 CPU 負載過高」
兩個標題進行了語義編碼，然後輸入檢索的標題「系統無法開機」進行
檢索。假設我們只用倒排索引進行運行維護知識管理，輸入「系統無法
開機」進行檢索無法檢索到任何內容，但是搭配語義編碼，能夠得到以
下結果：

```
> 401.58398       主機啟動失敗
> 392.65845       Zabbix警報：主機CPU負載過高
```

可以看到「主機啟動失敗」和「系統無法開機」在語義上更相近，此時
系統就可以將「主機啟動失敗」的知識推薦給使用者了。由於語義檢索
並不是精準匹配，所以在系統設計上，建議使用推薦的模式，將語義上
最匹配的幾個標題推送給運行維護工程師，透過推薦的模式最佳化使用
體驗。

6.4.2 Bert Fine-tuning

語義檢索的準確率很大程度取決於 Bert-As-Service 所載入的模型，6.4.1
節中使用的是哈工大提供的已經訓練好的語言模型，在運行維護領域有

一些專有詞彙，或工作中的特定子句，我們期望將它們加入預訓練語言模型，而非從頭進行語言模型訓練，這時就需要使用 Bert Fine-tuning 技術了。

首先，複製 Bert 的程式（【連結 18】），然後準備一下資料，創建一個資料夾，名字叫作 data_dir，在裡面分別創建 dev.tsv、test.tsv、train.tsv。三份 tsv 檔案的資料格式如下：

" 分類標籤 " " 資料 "

接著在 run_classifier.py 中新增一些程式。先增加一個自己的處理任務，這裡我們把任務名字叫作 sample，指定 Processor：

```python
processors = {
        "cola": ColaProcessor,
        "mnli": MnliProcessor,
        "mrpc": MrpcProcessor,
        "xnli": XnliProcessor,
        'sample': SampleProcessor,
    }
```

編寫資料處理部分的程式：

```python
class SampleProcessor(DataProcessor):
    def __init__(self):
        self.language = 'zh'

    def load_sample_data(self, path, guid_prefix):
        file_path = Path(path)
        with open(file_path, 'r', encoding='utf-8') as file:
            reader = file.readlines()
        examples = []
```

```
        for index, line in enumerate(reader):
            guid = '%s-%d' % (guid_prefix, index)
            split_line = line.strip().split('\t')
            text_a = tokenization.convert_to_unicode(split_line[1])
            label = split_line[0]
            examples.append(InputExample(guid=guid, text_a=text_a,
                                    text_b=None, label=label))
        return examples


    def get_train_examples(self, data_dir):
        return self.load_sample_data('./data_dir/train.tsv', 'train')


    def get_labels(self):
        label = []
        for x in range(1, 14):
            label.append('"%s"' % x)
        return label


    def get_dev_examples(self, data_dir):
        return self.load_sample_data('./data_dir/dev.tsv', 'dev')


    def get_test_examples(self, data_dir):
        return self.load_sample_data('./data_dir/test.tsv', 'test')
```

上述程式把資料集進行三路劃分（按照訓練集、開發集、測試集進行劃分），根據資料集的格式，把類別和資料提取出來。text_a 和 text_b 是 Bert 訓練出來的產物，其中的功能就是推斷句子 A 的下一句是不是句子 B，所以只有在做句子對訓練的時候才會用得上。

一切準備就緒，可以開始對模型做「模型微調」了。

```
python3 ./run_classifier.py \
    --task_name=sample \
    -do_eval=true \
    --do_predict=true \
    data_dir=/root/bert/data_dir/ \
    --bert_config_file=/root/publish/bert_config.json \
    --vocab_file=/root/publish/vocab.txt \
    --init_checkpoint=/root/models/ \
    --max_seq_length=128 \
    --output_dir=/tmp/results
```

執行「模型微調」後,會輸出「模型微調」後的精度:

```
eval_accuracy - 0.6507937
eval_loss = 1.2142951
global_step = 0
loss = 1.209952
```

訓練完成後,就可以使用 6.4.1 節中的方法載入並使用自己訓練好的模型了。

〉 6.5 異常檢測

異常檢測是運行維護中必不可少的工具之一了,也是比較成熟的 AIOps 領域之一,異常檢測應用的場景也非常廣泛,如應用行為異常檢測、網路流量異常檢測、監控指標異常檢測。

6.5.1 典型場景——監控指標異常檢測

運行維護工程師每天都要查看非常多的指標，在監控、警報、分析各個環節，指標都伴隨著運行維護工程師，這對運行維護工程師來說，資訊量是超載的。我們可以把異常檢測的功能嵌入指標查看頁面，對監控指標做異常檢測，然後將異數在監控面板中標注出來，經過標注後，運行維護工程師只需要查看少量的監控點，極大地提升了運行維護效率。同樣地，在系統後台形成異常檢測報表，以郵件形式發送給運行維護負責人，也是一種提升運行維護效率的不錯的方法。CPU 使用率監控指標如圖 6-11 所示。

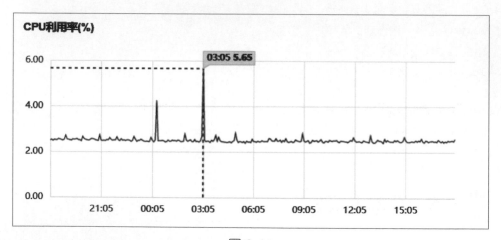

圖 6-11

6.5.2　異常檢測工具套件──PyOD

有非常多的 AIOps 工具套件可用於異常檢測，舉例來說，PyOD 就提供了數十種異常檢測的工具套件，PyOD 提供了一致的、好用的 API，我們直接將資料傳入即可，非常簡單好用。下面以一個實例介紹 PyOD 的使用方式。

首先安裝 PyOD：

```
pip install pyod
```

然後使用 IForest 演算法進行異常檢測。其中：

- clf.labels──返回訓練資料上的分類標籤（0：正常值；1：異常值）；

- clf.decision_scores_──返回訓練資料上的異常值（分值越大越異常）；

- predict 函數──返回未知資料上的分類標籤（0：正常值；1：異常值）；

- decision_function 函數──返回未知資料上的異常值（分值越大越異常）。

使用 PyOD 做異常檢測的範例如下：

```
from pyod.models.iforest import IForest

clf = IForest()
clf.fit(X_train)

y_train_pred = clf.labels_
y_train_scores = clf.decision_scores_
```

```
y_test_pred = clf.predict(X_test)
y_test_scores = clf.decision_function(X_test)
```

PyOD 工具套件由單一檢測演算法、離群集合和離群檢測器下拉式選單方塊架組成。

（1）單一檢測演算法如表 6-2 所示。

表 6-2

類型	縮寫	簡述	年份
Linear Model	PCA	主成分分析	2003
Linear Model	MCD	最小協方差行列式	1999
Linear Model	OCSVM	One-Class Support Vector Machines	2001
Linear Model	LMDD	Deviation-based 異常值檢測（LMDD）	1996
Proximity-Based	LOF	Local Outlier Factor	2000
Proximity-Based	COF	Connectivity-Based Outlier Factor	2002
Proximity-Based	CBLOF	Clustering-Based Local Outlier Factor	2003
Proximity-Based	LOCI	位點：基於局部相關積分的快速離群點檢測	2003
Proximity-Based	HBOS	Histogram-based Outlier Score	2012
Proximity-Based	kNN	k 個最近鄰（使用第 k 個最近鄰的距離作為離群值）	2000
Proximity-Based	AvgKNN	平均 kNN（使用 k 個最近鄰的平均距離作為離群值）	2002

類型	縮寫	簡述	年份
Proximity-Based	MedKNN	中值 kNN（使用 k 個最近鄰的中間距離作為異常值得分）	2002
Proximity-Based	SOD	Subspace Outlier Detection	2009
Probabilistic	ABOD	Angle-Based Outlier Detection	2008
Probabilistic	FastABOD	基於近似的快速 Angle-Based 離群點檢測	2008
Probabilistic	SOS	Stochastic Outlier Selection	2012
Outlier Ensembles	IForest	Isolation Forest	2008
Outlier Ensembles	—	Feature Bagging	2005
Outlier Ensembles	LSCP	LSCP：平行離群點集合的局部選擇性組合	2019
Outlier Ensembles	XGBOD	基於極值 Boosting 的離群點檢測	2018
Outlier Ensembles	LODA	輕型 On-line 異常探測器	2016
Neural Networks	AutoEncoder	全連接自動編碼器	2015
Neural Networks	VAE	變分自動編碼器	2013
Neural Networks	Beta-VAE	可變自動編碼器	2018
Neural Networks	SO_GAAL	Single-Objective Generative Adversarial Active Learning	2019
Neural Networks	MO_GAAL	Multiple-Objective Generative Adversarial Active Learning	2019

（2）離群集合和離群檢測器下拉式選單方塊架如表 6-3 所示。

表 6-3

類型	縮寫	簡述	年份
Outlier Ensembles	—	Feature Bagging	2005
Outlier Ensembles	LSCP	LSCP：平行離群點集合的局部選擇性組合	2019
Outlier Ensembles	XGBOD	基於極值 Boosting 的離群點檢測（監督）	2018
Outlier Ensembles	LODA	輕型 On-line 異常探測器	2016
Combination	Average	平均得分的簡單組合	2015
Combination	Weighted Average	檢測器加權平均得分的簡單組合	2015
Combination	Maximization	取最大分數的簡單組合	2015
Combination	AOM	最大值平均值	2015
Combination	MOA	平均值最大化	2015
Combination	Median	取分數中位數的簡單組合	2015
Combination	majority Vote	透過獲得標籤多數票的簡單組合（可使用權重）	2015

PyOD 提供了包括 IForest、LOF、COF 等數十種異常檢測方法，非常推薦加入 AIOps 工具套件。

6.6 時序預測

時序預測是運行維護領域的老話題了，和異常檢測的使用頻率一樣高，常用於警報的動態閾值、儲存容量分析等功能，適合為 APM、NPM、基礎監控等監控工具提供 AIOps 的能力。

6.6.1 典型場景——動態警報閾值

以筆者的雲端環境為例，筆者在雲端平台上購買了一台包年的雲端主機（200Mbps 的按量付費頻寬），由於是按流量計費，每 GB 流量的價格是 0.8 元，最近 7 天的網路流量頻寬使用情況如圖 6-12 所示。

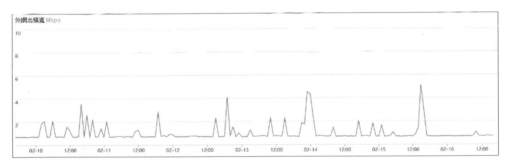

圖 6-12

對使用者來說，是非常關注流量的使用率的。此時，就應該對流量的使用情況進行警報。在不使用 AIOps 工具的時候，我們通常會對流量進行固定閾值警報。舉例來說，頻寬使用率大於 95% 時發出警報。這種設定方式看似合理，但實際上幾乎沒有任何作用，因為使用者是無法知道究竟閾值設定為多少是合理的。而此時，結合時序預測的功能就能非常好地解決閾值設定的問題。

首先，我們依然要設定固定閾值，流量使用率大於 95% 時就警報。然後，系統透過將使用者的流量使用率的歷史資料交給時序預測工具訓練後，得到時序預測模型，透過時序預測模型預測未來的指標運行區間帶，以此區間帶作為動態警報閾值，超過了此區間帶則視為異常，將警報資訊發送給使用者。

6.6.2　時序預測工具套件──Prophet

對於時序預測，比較主流的觀點認為其受四種成分影響。

- 趨勢：巨觀、長期、持續性的作用力；
- 週期：比如商品價格在較短的時間內圍繞某個平均值上下波動；
- 季節：變化規律相對固定，並呈現某種週期特徵；「季節」不一定按年計；每週、每天的不同時段的規律，也可稱作季節性；
- 隨機：隨機的不確定性。

這四種成分對時間序列的影響常歸納為累積和相乘兩種。累積表示四種成分相互疊加，它們之間相對獨立，相互影響較小。而相乘表示它們相互影響更為明顯。在時序預測的發展歷史中，從 AR、MA、ARMA、ARIMA、SARIMA 一路演變，但是 SARIMA 的使用依然比較麻煩，所以 Facebook 推出了一個能夠兼顧使用方便和預測品質的工具套件 Prophet。

相比目前其他時序預測工具，Prophet 主要有以下兩點優勢。

- 使用時序預測變得非常容易，預設情況下不需要設定任何參數，即可直接訓練模型並得到品質較高的預測結果；

- 它是為非專家「量身訂製」的，可以直接透過修改季節參數來擬合季節性，修改趨勢參數來擬合趨勢資訊，指定假期來擬合假期資訊，等等。沒有複雜的參數，調整起來非常便捷。

Prophet 遵循 sklearn 模型 API。我們可以創建一個 Prophet 類別的實例，然後呼叫它的 fit 和 predict 方法。Prophet 的輸入必須包含 ds 和 y 兩列資料，其中 ds 是時間戳記列，必須是時間資訊；y 列必須是數值，代表我們需要預測的資訊。下面使用 Prophet 對時序資料進行預測：

```
import pandas as pd
from fbprophet import Prophet

df = pd.read_csv('data.csv')
m = Prophet()
m.fit(df)

future = m.make_future_dataframe(periods=365)
forecast = m.predict(future)

m.plot(forecast)
m.plot_components(forecast)
```

圖 6-13 中的點是實際發生的指標點，區間帶是使用 Prophet 預測後，由上限和下限組成的區間帶。

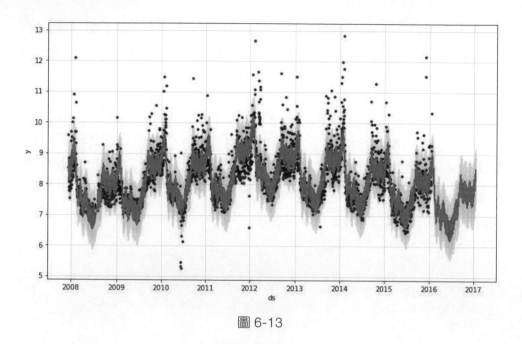

圖 6-13

圖 6-14 分別展示了趨勢和週期性分量的情況。

在時序預測領域有非常多的模型和方法可供我們使用，比如 LSTM、SARIMA 等，但是 Prophet 具備「開箱即用」、負擔較 LSTM 等模型較小等特點，可以將其納入我們的 AIOps 工具套件。

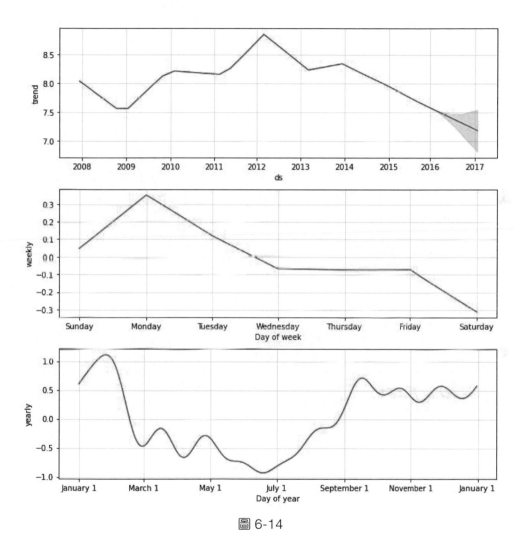

圖 6-14

Chapter
07

加速 AIOps 實作——
AI 平台

▶ 7.1 AI 平台與 AIOps

7.1.1 為運行維護系統插上 AI 的翅膀

實現較規範的 AI 運行維護功能至少需要經過資料管理、資料標注、模型管理、訓練任務、自動調參等過程。除了在業務層面上能看到的模型生產的流程，由於 AI 模型訓練過程中存在樣本資料量較大、有顯示卡資源使用需求等特點，平台還需要對 AI 模型的訓練，以及推理過程中所使用的計算、儲存、網路等資源進行綜合有效的管理。

這些特點要直接嵌入現有的運行維護系統中，改造的工作量是非常大的，一方面需要對現有運行維護系統的業務系統流程進行改造，另一方面需要引入非常多讓 AI 模型能夠被可靠、標準化生產出來的能力。

AI 平台的出現成為 AIOps 標準化實作的可能的方向，AI 平台本身是為了讓 AI 能力能夠快速生產而誕生的。以目標檢測為例，生產一個目標檢測模型最少需要經過對樣本圖片的統一管理、樣本標注、模型訓練等環節，最終才能將目標檢測的 AI 能力標準化地提供給 AI 能力使用者。

同樣，我們可以把 AI 平台和現有的運行維護系統進行能力整合，形成一套較為標準化的 AIOps 架設方案，如圖 7-1 所示。

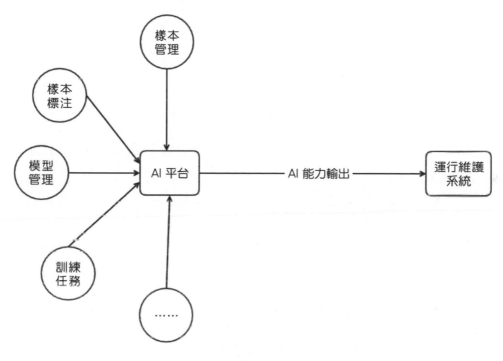

圖 7-1

透過標準化的 AI 能力輸出方式，可以讓 AI 平台為運行維護系統提供 AI
能力，運行維護系統既可以使用 AI 平台能力建構自身的 AIOps 場景，
又可以實現 AI 平台和運行維護系統的隔離。演算法開發人員在 AI 平台
上進行 AI 能力的開發，透過 AI 平台的資源管理排程能力對模型進行訓
練，形成模型後透過 RESTful API 或 RPC 的方式為運行維護系統提供
AI 能力。運行維護系統負責人透過對自身的運行維護系統進行微小的改
造，在需要 AI 能力的位置引入 AI 平台的能力，達到 AIOps 快速實作的
目的。

7.1.2 Polyaxon

Polyaxon 是一個用 Python 編寫的生產級的 AI 平台，使用 Polyaxon，能夠讓 AI 模型的生產更加流程化和標準化，它具有以下優點：

- 支持 TensorFlow、Keras、Torch、Caffe 等主流 AI 框架；

- 提供線上開發的能力，AI 模型的生產者可以直接在 Polyaxon 上進行 AI 模型的開發；

- 具備企業級系統所需要的安全、許可權、分析等能力；

- 提供了一套完整的 AI 模型開發工具。

可以透過 docker-compose 的方式，快速地部署一套 Polyaxon 進行體驗。新建 base.env 設定檔，此檔案宣告了 Polyaxon 部署過程中所使用的基礎設定：

```
POLYAXON_K8S_NAMESPACE=polyaxon
POLYAXON_K8S_NODE_NAME=compose
POLYAXON_K8S_APP_NAME=polyaxon-compose
POLYAXON_ENVIRONMENT=compose
POLYAXON_ENABLE_SCHEDULER=0
POLYAXON_CHART_IS_UPGRADE=0
POLYAXON_REDIS_HEARTBEAT_URL=redis://redis:6379/8
POLYAXON_REDIS_GROUP_CHECKS_URL=redis://redis:6379/9
POLYAXON_HEARTBEAT_URL=redis://redis:6379/8
POLYAXON_GROUP_CHECKS_URL=redis://redis:6379/9
POLYAXON_K8S_GPU_RESOURCE_KEY=""
POLYAXON_DIRS_NVIDIA={}
POLYAXON_K8S_APP_CONFIG_NAME=""
```

```
POLYAXON_K8S_APP_SECRET_NAME=""

POLYAXON_K8S_RABBITMQ_SECRET_NAME=""

POLYAXON_K8S_DB_SECRET_NAME=""

POLYAXON_PERSISTENCE_DATA={"data": {"mountPath": ""}}

POLYAXON_PERSISTENCE_LOGS={"mountPath": ""}

POLYAXON_PERSISTENCE_OUTPUTS={"outputs": {"mountPath": ""}}

POLYAXON_PERSISTENCE_REPOS={"mountPath": ""}

POLYAXON_PERSISTENCE_UPLOAD={"mountPath": ""}

POLYAXON_K8S_SERVICE_ACCOUNT_NAME=""

POLYAXON_K8S_RBAC_ENABLED=0

POLYAXON_K8S_INGRESS_ENABLED=0

POLYAXON_ROLE_LABELS_WORKER=polyaxon-workers

POLYAXON_ROLE_LABELS_DASHBOARD=polyaxon-dashboard

POLYAXON_ROLE_LABELS_LOG=polyaxon-logs

POLYAXON_ROLE_LABELS_API=polyaxon-api

POLYAXON_TYPE_LABELS_CORE=polyaxon-core

POLYAXON_TYPE_LABELS_RUNNER=polyaxon-runner

POLYAXON_ROLE_LABELS_CONFIG=polyaxon-config

POLYAXON_ROLE_LABELS_HOOKS=polyaxon-hooks

POLYAXON_K8S_API_HOST=localhost

POLYAXON_K8S_API_HTTP_PORT=8000

POLYAXON_K8S_API_WS_PORT=1337

POLYAXON_CHART_VERSION=0.5.1

POLYAXON_CLI_MIN_VERSION=0.5.0

POLYAXON_CLI_LATEST_VERSION=0.5.1

POLYAXON_PLATFORM_MIN_VERSION=0.5.0

POLYAXON_PLATFORM_LATEST_VERSION=0.5.1
```

新建 components.env 檔案，此檔案宣告了 Polyaxon 啟動過程中的連接資訊，如 Redis、DB 等連接設定：

```
POLYAXON_DB_NAME=polyaxon
POLYAXON_DB_USER=polyaxon
POLYAXON_DB_PASSWORD=polyaxon
POLYAXON_DB_HOST=postgres
POLYAXON_DB_PORT=5432
POLYAXON_BROKER_BACKEND=redis
POLYAXON_REDIS_CELERY_BROKER_URL=redis:6379/0
POLYAXON_REDIS_CELERY_RESULT_BACKEND_URL=redis:6379/1
POLYAXON_REDIS_JOB_CONTAINERS_URL=redis:6379/3
POLYAXON_REDIS_TO_STREAM_URL=redis:6379/4
POLYAXON_REDIS_SESSIONS_URL=redis:6379/5
POLYAXON_REDIS_EPHEMERAL_TOKENS_URL=redis:6379/6
POLYAXON_REDIS_TTL_URL=redis:6379/7
POLYAXON_REDIS_HEARTBEAT_URL=redis:6379/8
POLYAXON_REDIS_GROUP_CHECKS_URL=redis:6379/9
POLYAXON_REDIS_STATUSES_URL=redis:6379/10
POLYAXON_REDIS_TTL_URL=redis:6379/7
POLYAXON_HEARTBEAT_URL=redis:6379/8
```

編寫 docker-compose 檔案，用於啟動 Polyaxon：

```
version: '3.4'

x-defaults: &defaults
  restart: unless-stopped
  networks:
    - polyaxon-compose
  depends_on:
    - redis
```

```
    - postgres
  env_file:
    - base.env
    - components.env
    - .env

services:
  postgres:
    restart: unless-stopped
    image: postgres:9.6-alpine
    environment:
      POSTGRES_USER: "polyaxon"
      POSTGRES_PASSWORD: "polyaxon"
    volumes:
      - polyaxon-postgres:/var/lib/postgresql/data
    networks:
        polyaxon-compose

  redis:
    image: redis:5.0.5-alpine
    networks:
      - polyaxon-compose

  web:
    <<: *defaults
    image: polyaxon/polyaxon-api:latest
    command: ["--disable-plugins"]
    ports:
      - "8000:80"
      - "8001:443"

  worker:
```

```
    <<: *defaults
    image: polyaxon/polyaxon-worker:0.5.1

  beat:
    <<: *defaults
    image: polyaxon/polyaxon-beat:0.5.1

  sync-db:
    <<: *defaults
    restart: "no"
    image: polyaxon/polyaxon-manage:0.5.1
    command: ["migrate"]
    environment:
      POLYAXON_DB_NO_CHECK: 1

  create-user:
    <<: *defaults
    restart: "no"
    image: polyaxon/polyaxon-manage:0.5.1
    command: ["createuser --username=root --email=toor@loca.com
--password=root --superuser --force"]

volumes:
  polyaxon-postgres:
    external: true

networks:
  polyaxon-compose:
```

設定完成後可以透過 docker-compose up -d 命令啟動 Polyaxon。Polyaxon
的模型訓練介面如圖 7-2 所示。

圖 7-2

Polyaxon 訓練任務的視覺化介面如圖 7-3 所示。

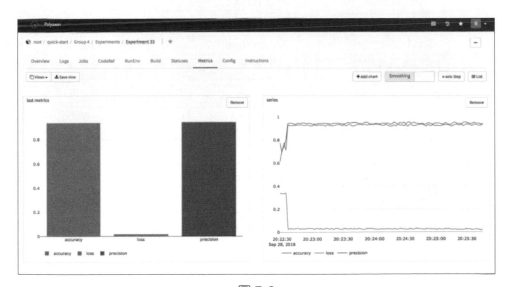

圖 7-3

7.2 架設 AI 平台的技術點

除了使用 Polyaxon 和 Kubeflow 這些成型的 AI 平台，我們也可以基於 Kubernetes 架設屬於自己的 AI 平台。不過架設 AI 平台所使用的技術非常多，筆者在工作中設計了一套基於 Kubernetes 架設的 AI 平台—AlphaMind，AlphaMind 在架設的過程中使用了非常多的元件，也遇到了非常多的問題。本節分享架設 AlphaMind 過程中的一些技術點，AlphaMind 平台的技術堆疊如圖 7-4 所示。

AI 平台					
樣本管理	樣本標注	線上開發	模型管理	訓練任務	模型上線
AI 平台底座					
平台框架					
AI 模型			AI 演算法		
Torch		TensorFlow		Keras	
系統基礎					
Argo	CoreDNS	GitLab	KeyCloak	Flink	
Tensorboard	JupyterLab	Postgres	KubeShare	WebShell	
Prometheus	NNI	Redis	Traefik	Keda	
Kubernetes					
Nvidia Docker					
Harbor	etcd	OpenVPN	MinIO		
Ansible					

圖 7-4

在這套方案中，AI 平台被拆分為 AI 平台底座與 AI 平台，AI 平台底座負責連接 AI 平台與底層的系統基礎，為 AI 平台業務隱藏底層的複雜性。

系統借助 Kubernetes 進行資源排程及管理,所有的模型訓練任務和推理任務都以容器的形態出現。借助 Kubernetes 的彈性伸縮和資源納管能力,我們能夠非常方便地架設一套生產級的 AI 平台。

下面介紹 AI 平台架設過程中的常用技術點。

7.2.1　nvidia-docker

1. 安裝 nvidia-docker

AI 模型的訓練和推理經常會用到 GPU 資源。Docker 在預設的情況下無法使用 GPU 資源,為了讓 Docker 能夠使用 GPU 資源,需要為 Docker 安裝 nvidia-docker。

在作業系統中安裝 Nvidia 驅動後,執行以下命令可以完成 nvidia-docker 的安裝:

```
yum clean expire-cache
yum install -y nvidia-docker2
```

nvidia-docker 安裝完畢後,在 /etc/docker/daemon.json 中增加以下內容並重新啟動 Docker:

```
    "default-runtime": "nvidia",
    "runtimes": {
      "nvidia": {
        "path": "/usr/bin/nvidia-container-runtime",
        "runtimeArgs": []
      }
}
```

使用 tensorflow-gpu 映像檔查看 nvidia-docker 是否安裝成功：

```
docker run --rm -it tensorflow/tensorflow:1.15.4-gpu-py3 bash
```

進入容器後執行 nvidia-smi 命令，可以看到在容器內已經能夠呼叫 GPU
資源：

```
root@d4a72f36ba6f:/# nvidia-smi
Mon Apr  5 02:36:34 2021
+-----------------------------------------------------------------------------+
| NVIDIA-SMI 410.48                    Driver Version: 440.59                  |
|-------------------------------+----------------------+----------------------+
| GPU  Name        Persistence-M| Bus-Id        Disp.A | Volatile Uncorr. ECC |
| Fan  Temp  Perf  Pwr:Usage/Cap| Memory-Usage         | GPU-Util  Compute M. |
|===============================+======================+======================|
|   0  GeForce RTX 208...  Off  | 00000000:0B:00.0 Off |                  N/A |
| 18%   38C    P8    13W / 250W |      0MiB / 11019MiB |      0%      Default |
+-------------------------------+----------------------+----------------------+
|   1  GeForce RTX 208...  Off  | 00000000:13:00.0 Off |                  N/A |
| 18%   44C    P8     1W / 250W |      0MiB / 11019MiB |      0%      Default |
+-------------------------------+----------------------+----------------------+
```

若要驗證是否能夠使用 cuda，則可以進入 Python 互動式介面，輸入以下
命令：

```
import tensorflow as tf
tf.test.is_gpu_available()
```

2. nvidia-docker 的排程流程與系統相容性

nvidia-docker 由以下元件組成：

- nvidia-docker2；

- nvidia-container-runtime；

- nvidia-container-toolkit；

- libnvidia-container。

透過 nvidia-docker 排程 GPU 資源的流程如圖 7-5 所示。

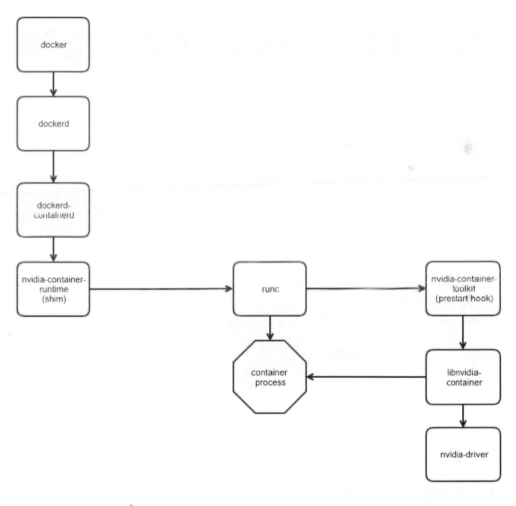

圖 7-5

值得注意的是，並不是所有的 Linux 發行版本都支持 nvidia-docker，所以在選擇作業系統的時候，需要關注是否在 ARM 架構或 ppc64le 架構上執行 nvidia-docker。

表 7-1 為常用的 Linux 發行版本與 nvidia-docker 相容性的對照表。

表 7-1

作業系統	版本編號	AMD64/x86_64	ppc64le	ARM64/AArch64
Open Suse Leap 15.0	sles15.0	√		
Open Suse Leap 15.1	sles15.0	√		
Debian Linux 9	debian9	√		
Debian Linux 10	debian10	√		
Centos 7	centos7	√	√	
Centos 8	centos8	√	√	√
RHEL 7.4	rhel7.4	√	√	
RHEL 7.5	rhel7.5	√	√	
RHEL 7.6	rhel7.6	√	√	
RHEL 7.7	rhel7.7	√	√	
RHEL 8.0	rhel8.0	√	√	√
Ubuntu 16.04	ubuntu16.04	√	√	
Ubuntu 18.04	ubuntu18.04	√	√	√
Ubuntu 20.04	ubuntu20.04	√	√	√

可以看到，在作業系統的選擇上，CentOS 8、RHEL 8.0 和 Ubuntu 20.04
是不錯的選擇，nvidia-docker 對這兩個版本的作業系統的相容性都非
常好。不過值得注意的是，隨著 CentOS 的版本發佈規則出現了變化
（以 CentOS Stream 模式發佈），對系統穩定性有要求的讀者，建議採用
RHEL 8.0 或 Ubuntu 20.04。

7.2.2　nvidia-device-plugin

除了 Docker 在預設情況下無法使用 GPU 資源，Kubernetes 在預設情況下
也是無法使用 GPU 資源的，為 Kubernetes 安裝 nvidia-device-plugin 之後
才能夠管理 GPU 資源。

編寫 nvidia-device-plugin.yml 檔案，加入以下內容：

```
apiVersion: apps/v1
kind: DaemonSet
metadata:
  name: nvidia-device-plugin-daemonset
  namespace: kube-system
spec:
  selector:
    matchLabels:
      name: nvidia-device-plugin-ds
  updateStrategy:
    type: RollingUpdate
  template:
    metadata:
      annotations:
        scheduler.alpha.kubernetes.io/critical-pod: ""
```

```
    labels:
        name: nvidia-device-plugin-ds
  spec:
    tolerations:
    - key: CriticalAddonsOnly
      operator: Exists
    - key: nvidia.com/gpu
      operator: Exists
      effect: NoSchedule
    priorityClassName: "system-node-critical"
    containers:
    - image: nvidia/k8s-device-plugin:1.0.0-beta6
      name: nvidia-device-plugin-ctr
      securityContext:
        allowPrivilegeEscalation: false
        capabilities:
          drop: ["ALL"]
      volumeMounts:
        - name: device-plugin
          mountPath: /var/lib/kubelet/device-plugins
    volumes:
      - name: device-plugin
        hostPath:
          path: /var/lib/kubelet/device-plugins
```

然後執行 kubectl apply -f ./ nvidia-device-plugin.yml 進行安裝，安裝完成後查看 GPU 是否成功被 Kubernetes 納管：

```
kubectl describe nodes|grep -A5 -B5 gpu
```

```
cpu:                    40
ephemeral-storage:      51175Mi
hugepages-1Gi:          0
hugepages-2Mi:          0
memory:                 51352292Ki
nvidia.com/gpu:         2
pods:                   110
Allocatable:
cpu:                    40
ephemeral-storage:      50977832921
hugepages-1Gi:          0
hugepages-2Mi:          0
memory:                 51352292Ki
nvidia.com/gpu:         2
pods:                   110
```

可以看到 Kubernetes 已經能夠對 GPU 資源進行管埋了，至此，我們已經能夠在 Kubernetes 上使用 GPU 資源了。

7.2.3　KubeShare——顯示卡資源排程

由於顯示卡資源相對昂貴，如何充分地利用顯示卡資源是一個非常重要的技術點。預設情況下，Kubernetes 對顯示卡資源的限制有兩種，一種是一個 Pod 獨佔顯示卡，另一種是非獨佔。一個 Pod 能看到所有的顯示卡，這種隔離方式對顯示卡資源的限制在生產環境下往往是不夠的。基於 Kubernetes 的顯示卡共用策略有很多，KubeShare 是其中一種應用侵入性較小的顯示卡共用解決方案。

安裝 KubeShare：

```
kubectl create -f ./KubeShare/v0.9/crd.yaml
kubectl create -f ./KubeShare/v0.9/device-manager.yaml
kubectl create -f ./KubeShare/v0.9/scheduler.yaml
```

為容器開啟顯示卡記憶體共用的特性：

```
apiVersion: kubeshare.nthu/v1
kind: SharePod
metadata:
  name: sharepod
  annotations:
    "kubeshare/gpu_request": "0.5"
    "kubeshare/gpu_limit": "1.0"
    "kubeshare/gpu_mem": "1073741824"
spec:
  containers:
  - name: cuda
    image: nvidia/cuda:9.0-base
    command: ["nvidia-smi", "-L"]
    resources:
      limits:
        cpu: "1"
        memory: "500Mi"
```

在此設定下，sharepod 宣告了需要使用 0.5 個 GPU，最多使用 1 個 GPU，其中 GPU 的最大使用記憶體為 1GB。可以看到，KubeShare 是使用註釋的方式設定的，對原有的應用設定的改動非常小。

GPU 共用的場景在訓練任務的時候用得較少，因為在訓練環節我們期望任務執行得越快越好。GPU 共用的能力在 AI 模型開發環節使用得較多，當 AI 開發人員的數量比顯示卡數量多的時候，使用顯示卡共用的模式能夠大幅提高顯示卡資源的使用率，這也是 AI 平台非常重要的能力。

7.2.4 AI 演算法外掛程式框架設計

使用 Polyaxon 和 Kubeflow 的時候,都需要用到它們的 SDK,但是這樣容易給演算法開發人員帶來一些不便。對演算法開發人員來說,假如不需要關注 AI 平台的 SDK,那麼按照一定的約定編寫程式,這份程式就能被 AI 平台自行排程,這樣可以縮短不少 AI 模型開發的時間。所以在設計 AI 平台的時候,演算法外掛程式框架的設計也顯得非常重要。下面提供一種 AI 演算法外掛程式的設計方式:

```python
import os

class SeriesDetection():
    def __init__(self, job_context):
        self.job_context = job_context
        self.asserts = {}

    def pre_train(self):
        pass

    def train(self):
        pass

    def evaluate(self):
        return 1, 1

    def init_model(self):
        pass

    def predict(self, data):
        pass
```

首先，我們把訓練和推理兩個生命週期分開，約定訓練的生命週期為 __init__ → pre_train → train → evaluate。在 pre_train 函數中，主要是做一些資料前置處理的工作，在 train 環節，則開啟訓練模式，並將訓練好的模型存放至指定的位置，如果框架在指定位置上發現了模型，則將模型持久化到分散式檔案系統中。最後的 evaluate 函數用於自我評估模型的精度，返回的值會被 AI 平台的 NNI 工具套件作為演算法自動最佳化的依據。而推理的生命週期為 __init__ → init_model → predict，init_model 全域被執行一次，用於初始化 AI 模型，predict 函數實現 AI 模型的推理，每次推理都會被呼叫。一個基本的 AI 演算法框架的外掛程式就約定好了。

AI 平台框架排程流程如圖 7-6 所示。

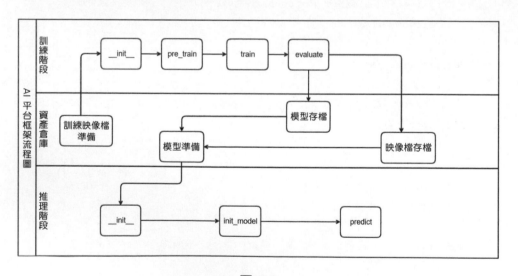

圖 7-6

AI 外掛程式的函數約定這些外掛程式是怎麼運作的呢？一個外掛程式變成可用的 AI 能力會經過以下幾個環節，首先是訓練階段：

（1）外掛程式套件和框架被打包成一個容器，交給 Kubernetes 以 Job 的方式運行。

（2）啟動的 Job 會自動下載訓練資料集，並開始模型訓練。

（3）訓練好的模型存放到指定位置，框架會自動將模型存放至分散式系統中。

（4）返回評估結果，供後續自動化調參時使用。

然後是推理階段：

（1）啟動推理服務，將外掛程式套件和框架打包好的容器以 Kubernetes 的 Deployment 形式啟動。

（2）自動呼叫外掛程式套件的 init_model 函數，初始化 AI 模型。

（3）提供 RESTful/RPC 服務，當收到參數的時候，呼叫 predict 函數。

7.2.5 KEDA——基於事件的彈性伸縮框架

每個 AI 能力上線後，無論是否被其他系統呼叫，都會佔用記憶體或顯示卡記憶體等資源，但並不是所有的模型都需要長期開啟，隨時提供服務。如何最大限度地提高 AI 平台的整體資源使用率，對外提供更好的 AIOps 推理服務，是 AI 平台設計者所需要關注的重要問題。

以根因分析為例，只有當警報發生或需要對歷史資料做根因分析的時候，根因分析的推理服務才會被呼叫。在這種情況下，平台就需要提供基於事件的彈性伸縮能力，當沒有服務呼叫根因分析能力的時候，根因分析的 AIOps 能力在叢集中沒有啟動任何服務，當有請求進入 AI 平台，請求呼叫根因分析能力的時候，根因分析的服務自動上線，對外提供服務。

KEDA 提供了上述基於事件的彈性伸縮能力，它是一個由 Red Hat 和 Microsoft 的團隊合作的開放原始碼專案，提供了基於事件的容器彈性伸縮。雖然 Kubernetes 也提供了彈性伸縮的功能，但 KEDA 在 Kubernetes 原生基於 CPU 和記憶體指標來擴 / 縮容器的模式下進行了擴充，使得容器的彈性伸縮更加靈活。

1. KEDA 的架構

KEDA 部署於 Kubernetes 叢集中，它充當兩個主要的角色：

- Agent：KEDA 會提供對 Kubernetes Deployment 的基於事件的縮放能力，當滿足特定的條件時，KEDA 就會對 Deployment 操作，這是安裝完 KEDA 後，keda-operator 容器提供的非常重要的功能。

- Metrics：KEDA 自身公開了豐富的事件資料，如佇列長度、Kafka 的 lag 之類的事件，Keda 基於 Metrics 所監控的指標資料提供了一些「開箱即用」的彈性伸縮能力。

KEDA 的架構如圖 7-7 所示。

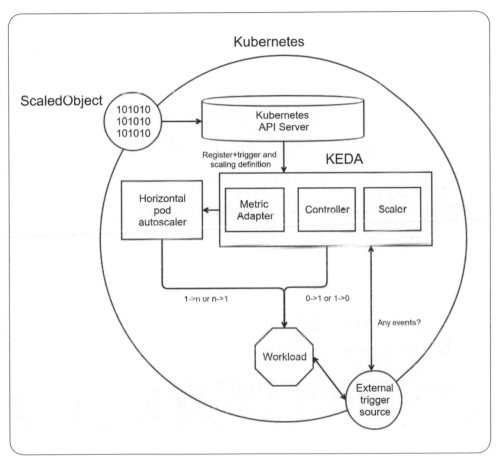

圖 7-7

從架構圖中，可以看出 KEDA 的工作流程，KEDA 部署到 Kubernetes 上之後，會觀察我們所設定的觸發器，當滿足條件之後，呼叫 Kubernetes 的能力，對容器進行彈性的伸縮，這也就是為什麼 KEDA 能擁有 "scale to zero"（在無應用的時候，讓應用的實例為零）的能力了。

2. KEDA 的部署

有多種方式可以部署 KEDA，下面介紹 Deployment 和 Helm 兩種部署模式。

使用 Deployment 部署 KEDA 是一種簡單便捷的方式，KEDA 所提供的 Deployment 中已經包含所有需要部署的資源，直接啟用即可：

```
kubectl apply -f ./keda-2.1.0.yaml
```

使用 Deployment 的方式部署 KEDA 比較適用於快速實驗的環境，生產環境下需要對設定進行個性化的調整，使用 Helm 部署是一種更優的方式：

```
kubectl create namespace keda
helm install keda kedacore/keda --namespace keda
```

部署完成後，在命令列中輸入 kubectl get po -n keda，看到以下輸出則表示 KEDA 已經正常運行了：

```
NAME                                  READY   STATUS    RESTARTS   AGE
keda-metrics-apiserver-77566dc65-plq9c  1/1   Running   0          20h
keda-operator-749f57d796-t7fxb          1/1   Running   2          20h
```

3. KEDA 的基本使用方法

對 Deployment 和 StatefulSet 進行基於事件的彈性伸縮是 KEDA 常見的應用場景。KEDA 可以對事件來源進行監控，並對 Deployment 或 StatefulSet 進行彈性伸縮。

舉例來說，如果將 Apache Kafka 的 Topic 作為 KEDA 的事件來源，則 KEDA 的工作流程如下：

（1）當 Apache Kafka 的 Topic 沒有收到任何訊息的時候，KEDA 將目標的 Deployment 實例調整為 0。

（2）當有訊息到達 Apache Kafka 後，KEDA 會檢測到事件，並部署 Deployment。

（3）當 Deployment 運行後，Deployment 開始從 Kafka 中消費資料。

（4）隨著越來越多的訊息被發送到 Kafka 中，KEDA 根據我們所設定的條件將擴充資訊推送給 HPA，使得實例能夠被水平擴充。

（5）當訊息被消費完後，根據我們部署的條件，Deployment 的數量會逐漸縮小至 0。

下面看一下如何定義 KEDA 的縮放設定範本：

```
apiVersion: keda.sh/v1alpha1
kind: ScaledObject
metadata:
  name: {scaled-object-name}
spec:
  scaleTargetRef:
    apiVersion:    {api-version-of-target-resource}
    kind:          {kind-of-target-resource}
    name:          {name-of-target-resource}
    envSourceContainerName: {container-name}
  pollingInterval: 30
  cooldownPeriod:   300
  minReplicaCount: 0
  maxReplicaCount: 100
  advanced:
    restoreToOriginalReplicaCount: true/false
    horizontalPodAutoscalerConfig:
```

```
    behavior:
      scaleDown:
        stabilizationWindowSeconds: 300
        policies:
        - type: Percent
          value: 100
          periodSeconds: 15
triggers:
   ......
```

scaleTargetRef 設定區定義了需要彈性伸縮的資源，主要的設定為 name，宣告了我們需要彈性伸縮的資源是哪個。需要注意的是，所指向的 Deployment 必須和 SclaeObject 在同一個命名空間。

接下來需要關注設定項目中的以下參數：

- pollingInterval：定義了 KEDA 檢測觸發彈性伸縮事件來源的週期，預設是 30 秒檢查一次，需要根據彈性伸縮的要求進行合理的設定；

- cooldownPeriod：定義了事件來源結束（如 Kafka 佇列中沒有訊息）後將資源縮放為 0 的時間，預設是 300 秒；

- minReplicaCount：此設定項目預設為 0，代表當事件結束後，KEDA 需要將 Deployment 縮放至多少；

- maxReplicaCount：預設為 100，代表 KEDA 最大能將資源縮放至多少；

- restoreToOriginalReplicaCount：預設為 false，宣告了當 Deployment 被刪除後，是否將 Deployment 縮放為被刪除前的備份數。

下面列出了將 KEDA 應用於 Kafka 消費者的一種設定方式，目標 Deployment 在 Kafka Consumer 沒有從 Kafka 中獲取任何訊息的時候，不啟動任何 Pod，當 Kafka 中有訊息的時候，開始對容器進行動態縮放：

```
apiVersion: keda.k8s.io/v1alpha1
kind: ScaledObject
metadata:
  name: kafka-scaledobject
  namespace: keda
  labels:
    deploymentName: kafka-consumer-deployment
spec:
  scaleTargetRef:
    deploymentName: kafka-consumer-deployment
  pollingInterval: 5
  minReplicaCount: 1
  maxReplicaCount: 10
  triggers:
  - type: kafka
    metadata:
      brokerList: 192.168.1.4:9092
      consumerGroup: order-shipper
      topic: test
      lagThreshold: "10"
      consumer group
```

4. 在 KEDA 中排程長週期任務

對於大多數場景，KEDA 可以輕鬆自如地對應用進行彈性伸縮，但是有一種特殊的情況需要引起注意，這種情況就是長週期任務。假設我們部署了一套基於 Kafka 訊息佇列中的訊息進行彈性伸縮的服務，由於任務的特殊性，每個訊息需要花費 3 個小時才能完成處理，當越來越多的訊息到達 Kafka 時，KEDA 會對 Kafka 消費者的數量進行動態調整，將備份數量擴充為 8 個。一段時間後，HPA 計畫將 8 個備份縮減為 4 個。這時問題來了，HPA 無法準確地判斷應該縮小哪一個備份以降低 Pod 的備份規模，假如隨機對備份進行縮小，則很可能導致一個已經處理了 2 個小時的備份被刪除。

有兩種方式可以解決上述問題：第一種方式是利用容器的生命週期的特點。Kubernetes 提供了一些生命週期的 Hook 可以用來延遲 Pod 被立刻終止。在 Kubernetes 讓 Pod 被終止的時候，會發送一個 SIGTERM 的訊號，但 Deployment 可以選擇延遲終止，直到當前的任務處理完成後，再終止容器。另外一個可選的方法是使用 Kubernetes Jobs 運行任務，而非 Deployment。

以下為使用 KEDA 排程長週期任務的設定範例：

```
apiVersion: keda.sh/v1alpha1
kind: ScaledJob
metadata:
  name: {scaled-job-name}
spec:
  jobTargetRef:
    parallelism: 1
    completions: 1
    activeDeadlineSeconds: 600
    backoffLimit: 6
    template:
  pollingInterval: 30
  successfulJobsHistoryLimit: 5
  failedJobsHistoryLimit: 5
```

```
envSourceContainerName: {container-name}
maxReplicaCount: 100
scalingStrategy:
  strategy: "custom"
  customScalingQueueLengthDeduction: 1
  customScalingRunningJobPercentage: "0.5"
triggers:
  ......
```

ScaledJob 與 ScaledObject 最大的不同是縮放任務從 Deployment 轉變成了 Job，不再需要連結一個具體的 Deployment，直接在 ScaledJob 中宣告任務即可。下面列出一個範例，採用 ScaleJob 的模式彈性排程任務：

```
apiVersion: keda.sh/v1alpha1
kind: ScaledJob
metadata:
  name: rabbitmq-consumer
  namespace: default
spec:
  jobTargetRef:
    template:
      spec:
        containers:
        - name: rabbitmq-client
          image: tsuyoshiushio/rabbitmq-client:dev3
          imagePullPolicy: Always
          command: ["receive", "amqp://user:PASSWORD@rabbitmq.default.
svc.cluster. local:5672", "job"]
          envFrom:
            - secretRef:
                name: rabbitmq-consumer
        restartPolicy: Never
```

```
      backoffLimit: 4
  pollingInterval: 10
  maxReplicaCount: 30
  successfulJobsHistoryLimit: 3
  failedJobsHistoryLimit: 2
  scalingStrategy:
    strategy: "custom"
    customScalingQueueLengthDeduction: 1
    customScalingRunningJobPercentage: "0.5"
  triggers:
  - type: rabbitmq
    metadata:
      queueName: hello
      host: RabbitMqHost
      queueLength  : '5'
```

5. KEDA 的彈性伸縮觸發器

KEDA 提供了非常多的彈性伸縮觸發器，當應用達到某個狀態時就觸發
自動伸縮的操作。下面看一下 KEDA 中常用的一些觸發器。

1）Kafka 觸發器

AI 平台中會有非常多的資料流程處理任務，舉例來說，將監控指標的資
料從 Kafka 流入平台，訓練時序預測或異常檢測等 AIOps 能力。因此，
基於 Kafka 的彈性伸縮觸發器也是常用的一種觸發器。以下程式展示了
使用 Kafka 觸發器的方法：

```
apiVersion: keda.sh/v1alpha1
kind: ScaledObject
metadata:
  name: kafka-scaledobject
```

```
  namespace: default
spec:
  scaleTargetRef:
    name: azure-functions-deployment
  pollingInterval: 30
  triggers:
  - type: kafka
    metadata:
      bootstrapServers: localhost:9092
      consumerGroup: my-group
      topic: test-topic
      lagThreshold: "50"
      offsetResetPolicy: latest
```

Kafka 觸發器中的關鍵設定項目如下：

- bootstrapServers：Kafka 的位址；

- consumerGroup：消費者的分組；

- topic：監控的 Topic，當有訊息到達 Topic 時，觸發器會觸發彈性伸縮的能力；

- lagThreshold：觸發縮放行為的目標值；

- offsetResetPolicy：消費者的偏移策略，預設為 latest。

2）Prometheus 觸發器

當 AI 平台中的監控資料採用 Prometheus 進行存放的時候，我們可以使用 Prometheus 觸發器進行 AI 推理服務的彈性縮放，將推理服務的關鍵 KPI 如模型推理耗時、推理請求數量等寫入 Prometheus，使用 KEDA 的 Prometheus 觸發器進行推理服務的彈性縮放。

使用 Prometheus 觸發器的範例如下：

```
apiVersion: keda.sh/v1alpha1
kind: ScaledObject
metadata:
  name: prometheus-scaledobject
  namespace: default
spec:
  scaleTargetRef:
    name: my-deployment
  triggers:
  - type: prometheus
    metadata:
      serverAddress: http://prometheus-svc:9090
      metricName: http_requests_total
      threshold: '100'
      query: sum(rate(http_requests_total{deployment="my-deployment"}
[2m]))
```

Prometheus 觸發器中的關鍵設定項目如下：

- serverAddress：Prometheus 的位址；

- metricName：目標指標的名稱；

- threshold：觸發彈性伸縮的閾值；

- query：指標查詢敘述。

7.2.6 Argo Workflow——雲端原生的工作流引擎

在 AI 模型的訓練過程中，涉及多個 AI 模型串聯訓練的場景。以日誌異常檢測演算法為例，涉及將日誌範本提取、LSTM 演算法進行串聯等場

景，這時就需要用到工作流引擎，將兩個訓練任務進行串聯。雲端原生
工作流 Argo Workflow 是一個不錯的選擇，它的特點如下：

- 使用 Kubernetes 自訂資源定義工作流，工作流中的每個步驟都是一個
  容器；

- 將多步驟工作流建模為一系列任務，或使用有向無環圖（DAG）描述
  任務之間的依賴關係；

- 可以在短時間內輕鬆運行用於機器學習或資料處理的計算密集型作業。

1. 部署 Argo Workflow

在開始講解 Argo Workflow 的部署和使用方式之前，先對 Argo Workflow
的關鍵概念進行講解，便於我們更加容易地掌握 Argo Workflow 的使用方
式，如表 7-2 所示。

表 7-2

關鍵概念	描述
Workflow	Kubernetes 的一種資源，用於定義一個或多個執行管線
Template	包含對 step、steps 或 dag 的描述
Step	Workflow 中的基礎步驟，一般包括輸入和輸出兩個環節
Steps	包含多個 Step
EntryPoint	執行 Workflow 的入口，第一個需要被執行的任務
Cluster Workflow Template	包含叢集中可以被重複使用 Workflow
Inputs	Step 所接收的輸入參數

關鍵概念	描述
Outputs	Step 所接收的輸出參數
Parameters	Workflow 所接收的參數，可以是物件、字串、陣列、布林值
Artifacts	容器保存的檔案
Artifact Repository	檔案倉庫
Executor	啟動容器的方式，例如 Docker、PNS

了解了上面的關鍵概念之後，接下來就可以部署 Argo Workflow 了。我們直接使用 Deployment 的方式部署 Argo Workflow。

```
kubectl create ns argo
kubectl apply -n argo -f ./quick-start-postgres.yaml
```

接下來存取 127.0.0.1:2746，當看到如圖 7-8 所示的介面時，表示 Argo Workflow 已經部署完成了。

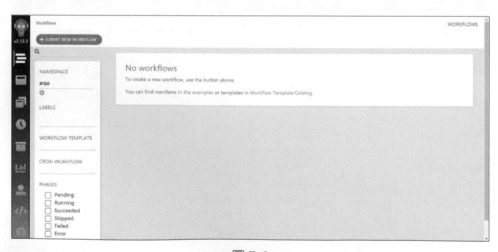

圖 7-8

2. Argo Workflow 快速入門

下面透過一些範例及 Argo Workflow 的資源定義範本學習如何使用 Argo Workflow。

Workflow 是 Argo Workflow 中最重要的資源，它提供了兩個功能：

- 定義了 Workflow 的執行流程；

- 儲存了 Workflow 的狀態資訊。

下面是一個簡單的 Workflow 範例檔案：

```
apiVersion: argoproj.io/v1alpha1
kind: Workflow
metadata:
  generateName: hello-world
spec:
  entrypoint: whalesay
  templates:
  - name: whalesay
    container:
      image: docker/whalesay
      command: [cowsay]
      args: ["hello world"]
```

首先定義了使用的資源類型為 Workflow，在 Workflow 資源類型設定中的 spec 部分，使用 entrypoint 定義了 Workflow 的第一個被執行的步驟。最後在 templates 中定義了需要執行的容器。設定定義完成後，將設定提交至 Argo Workflow。

Workflow 提交成功後，可以在 Argo Workflow 的詳情介面看到 Workflow 的拓撲圖、概要資訊、容器日誌等，當容器執行完成後，Workflow 會在 Output 中輸出執行的日誌詳細記錄。

在上面的 Workflow 定義範本中，Template 設定定義了需要被執行的任務，Argo Workflow 提供了 6 種可以使用的任務類型。

1）容器

容器類型是經常使用的範本類型，容器任務會啟動容器並在 Kubernetes 中排程。範例如下：

```
- name: whalesay
  container:
    image: docker/whalesay
    command: [cowsay]
    args: ["hello world"]
```

2）指令稿

指令稿任務和容器任務的區別在於增加了 "source: 設定屬性 "，允許我們將需要執行的指令稿定義在設定檔中，無須每次都重新編譯映像檔，指令稿的執行結果也會被自動存放至 Argo Workflow 的變數中。範例如下：

```
- name: gen-random-int
  script:
    image: python:alpine3.6
    command: [python]
    source: |
      import random
      i = random.randint(1, 100)
      print(i)
```

3）資源

資源類型的任務用於對叢集中的資源操作，可用於獲取、創建、應用、刪除、替換或更新叢集上的資源。範例如下：

```
- name: k8s-owner-reference
  resource:
    action: create
    manifest: |
      apiVersion: v1
      kind: ConfigMap
      metadata:
        generateName: owned eg
      data:
        some: value
```

4）暫停

暫停任務可以對 Workflow 的執行流程進行阻塞，讓 Workflow 停止指定的時間，或要求直到使用者手動操作後，Workflow 才恢復執行。範例如下：

```
- name: delay
  suspend:
    duration: "20s"
```

5）Step

Step 類型的任務可以幫助我們定義 Workflow 的執行順序。舉例來説，在下面的範例中，step1 會先被執行，執行完成後，step2a 和 step2b 會被並存執行。也可以設定 when 屬性讓任務有條件地執行，如 step2a 執行完成後再執行 step2b。

```
- name: hello-hello-hello
  steps:
  - - name: step1
      template: prepare-data
  - - name: step2a
      template: run-data-first-half
    - name: step2b
      template: run-data-second-half
```

6）DAG

DAG 類型的任務能夠幫助我們將任務定義為一張依賴關係圖，可以設定在開始特定任務之前必須完成的其他任務，那些沒有任何依賴關係的任務將被立即運行。舉例來說，在下面的範例中，A 任務會被先執行，由於 B 和 C 任務都設定了 dependencies 屬性，要求 A 執行完成後才執行 B 和 C，所以 A 任務執行完成後，B 和 C 任務都會被執行，D 任務依賴於 B 和 C 任務，所以 D 任務會在 B 和 C 任務都執行完成後執行。

```
- name: diamond
  dag:
    tasks:
    - name: A
      template: echo
    - name: B
      dependencies: [A]
      template: echo
    - name: C
      dependencies: [A]
      template: echo
    - name: D
      dependencies: [B, C]
      template: echo
```

以下範例展示了 DAG 任務的具體設定方式：

```yaml
apiVersion: argoproj.io/v1alpha1
kind: Workflow
metadata:
  generateName: dag
spec:
  entrypoint: startup
  templates:
  - name: echo
    inputs:
      parameters:
      - name: message
    container:
      image: alpine:3.7
      command: [echo, "{{inputs.parameters.message}}"]
  - name: startup
    dag:
      tasks:
      - name: A
        template: echo
        arguments:
          parameters: [{name: message, value: A}]
      - name: B
        dependencies: [A]
        template: echo
        arguments:
          parameters: [{name: message, value: B}]
      - name: C
        dependencies: [A]
        template: echo
        arguments:
```

```
          parameters: [{name: message, value: C}]
    - name: D
      dependencies: [B, C]
      template: echo
      arguments:
        parameters: [{name: message, value: D}]
```

將上述範例提交給 Argo Workflow 後，會生成如圖 7-9 所示的拓撲圖。

我們可以更加清晰地看到，透過使用 Step 任務，可以幫助我們定義更加複雜的工作流執行方式。

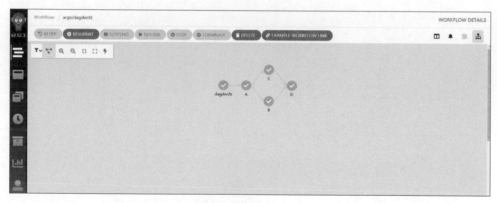

圖 7-9

了解如何設定 Argo Workflow 的工作流之後，我們還需要了解如何使用 Argo Workflow 中的變數，先看以下範例：

```
apiVersion: argoproj.io/v1alpha1
kind: Workflow
metadata:
  generateName: hello-world-parameters-
```

```
spec:
  entrypoint: whalesay
  arguments:
    parameters:
      - name: message
        value: hello world
  templates:
  - name: whalesay
    inputs:
      parameters:
        - name: message
    container:
      image: dockor/whalesay
      command: [ cowsay ]
      args: [ "{{inputs.parameters.message}}" ]
```

上述範例中多了一個比較特別的參數 args，並且宣告了這是一個輸入參數，名稱為 message。在 arguments 設定中，定義了 message 變數的值為 hello world。

Argo Workflow 提供了多種引用變數的方式，比較常用的有全域變數、Step 變數、DAG 變數、容器 / 指令稿變數。

首先是全域變數，它被定義在 Workflow 設定檔中的最外層，如表 7-3 所示。

表 7-3

名稱	描述
inputs.parameters.<NAME>	全域變數中的指定變數
inputs.parameters	全域變數中的所有變數，以 JSON 字串的模式提供
inputs.artifacts.<NAME>	全域變數中的指定檔案

Step 的可用變數比全域變數多得多，此處僅挑選比較常用的變數介紹，
如表 7-4 所示。

表 7-4

名稱	描述
steps.<STEPNAME>.id	Step 的唯一 ID
steps.<STEPNAME>.status	Step 的狀態
steps.<STEPNAME>.exitCode	Step 的運行結束狀態，用於判斷是否正常運行
steps.<STEPNAME>.outputs.result	Step 執行完成後的輸出結果
steps.<STEPNAME>.outputs.parameters.<NAME>	當上一個 Step 使用了 withItems 或 withParams 的設定後，當前 Step 以 Map 的模式使用上一個 Step 的輸出參數
steps.<STEPNAME>.outputs.artifacts.<NAME>	上一個 Step 輸出的檔案

DAG 的常用變數如表 7-5 所示。

表 7-5

名稱	描述
tasks.<TASKNAME>.id	DAG 任務的唯一 ID
tasks.<TASKNAME>.status	DAG 任務的狀態
tasks.<TASKNAME>.exitCode	DAG 任務的運行結束狀態，用於判斷是否正常運行
tasks.<TASKNAME>.outputs.result	DAG 任務執行完成後的輸出結果

名稱	描述
tasks.\<TASKNAME\>.outputs. parameters.\<NAME\>	當上一個任務使用 withItems 或 withParams 的設定後,當前仟務以 Map 的模式使用上一個任務的輸出參數
tasks.\<TASKNAME\>.outputs. artifacts.\<NAME\>	上一個任務輸出的檔案

常用的變數、容器 / 指令稿變數如表 7-6 所示。

表 7-6

名稱	描述
pod.name	容器名稱
retries	任務重試次數
inputs.artifacts.\<NAME\>.path	輸入的檔案變數的路徑
outputs.artifacts.\<NAME\>.path	輸出的檔案變數的路徑
outputs.parameters.\<NAME\>.path	輸出變數的路徑

3. Argo Workflow 典型設定

1)在任務之間讀取檔案

AI 模型訓練的第一步通常是資料處理,資料處理完成後,會生成一些前置處理後的檔案,然後交給訓練任務進行訓練。訓練任務結束後,會產生模型檔案。最後一步是將上一步生成的模型檔案進行歸檔。所以在任務之間讀取檔案是 AI 模型訓練中的非常典型且常見的場景。

下面的設定展示了如何在多個任務之間讀取檔案。其中關鍵的設定是在 Step 設定中定義了需要使用 print-message 變數，Argo Workflow 會根據使用者的要求將變數傳遞給下一個任務。

```
apiVersion: argoproj.io/v1alpha1
kind: Workflow
metadata:
  generateName: artifact-passing-
spec:
  entrypoint: artifact-example
  templates:
  - name: artifact-example
    steps:
    - - name: generate-artifact
        template: whalesay
    - - name: consume-artifact
        template: print-message
        arguments:
          artifacts:
          - name: message
            from: "{{steps.generate-artifact.outputs.artifacts.hello-art}}"

  - name: whalesay
    container:
      image: docker/whalesay:latest
      command: [sh, -c]
      args: ["cowsay hello world | tee /tmp/hello_world.txt"]
    outputs:
      artifacts:
      - name: hello-art
        path: /tmp/hello_world.txt
```

```
- name: print-message
  inputs:
    artifacts:
    - name: message
      path: /tmp/message
  container:
    image: alpine:latest
    command: [sh, -c]
    args: ["cat /tmp/message"]
```

2）使用指令稿任務產生的變數

使用指令稿任務比容器任務更加靈活，透過指令稿化的設定，可以極大地提升 Workflow 的使用效率。當任務執行完成後，可以在下一個任務中引用上一個任務輸出的變數。透過這樣的方式，我們能夠用指令稿編寫 AI 模型中的前置處理任務，直接設定在 Argo Workflow 的設定檔中。下面的設定範例展示了如何使用指令稿任務及指令稿任務產生的變數：

```
apiVersion: argoproj.io/v1alpha1
kind: Workflow
metadata:
  generateName: scripts-bash-
spec:
  entrypoint: bash-script-example
  templates:
  - name: bash-script-example
    steps:
    - - name: generate
        template: gen-random-int-bash
    - - name: print
        template: print-message
        arguments:
```

```
            parameters:
            - name: message
              value: "{{steps.generate.outputs.result}}"

    - name: gen-random-int-bash
      script:
        image: debian:9.4
        command: [bash]
        source: |
          cat /dev/urandom | od -N2 -An -i | awk -v f=1 -v r=100 '{printf
"%i\n", f + r * $1 / 65536}'

    - name: gen-random-int-python
      script:
        image: python:alpine3.6
        command: [python]
        source: |
          import random
          i = random.randint(1, 100)
          print(i)

    - name: gen-random-int-javascript
      script:
        image: node:9.1-alpine
        command: [node]
        source: |
          var rand = Math.floor(Math.random() * 100);
          console.log(rand);

    - name: print-message
      inputs:
        parameters:
        - name: message
```

```
container:
  image: alpine:latest
  command: [sh, -c]
  args: ["echo result was: {{inputs.parameters.message}}"]
```

7.2.7　Traefik

1. 安裝 Traefik

在 AI 平台中，我們會啟動異常檢測、時序預測、根因分析等多種 AI 推理服務，每個服務都有對外曝露的 API 介面，這時就需要使用 Kubernetes 的 Ingress 統一管理對外曝露的 API。

Traefik、API Six、Kong 都是非常優秀的 Ingress 元件，本節主要介紹 Traefik。

在 Kubernetes 中透過 Helm 能夠快速地安裝 Traefik：

```
helm repo add traefik https://helm.traefik.io/traefik
helm repo update
helm install traefik traefik/traefik
```

為了便於管理，編寫 dashboard.yml，打開 Traefik 的 Dashboard：

```
apiVersion: traefik.containo.us/v1alpha1
kind: IngressRoute
metadata:
  name: dashboard
spec:
  entryPoints:
    - web
  routes:
```

```
    - match: Host(`traefik.localhost`) && (PathPrefix(`/dashboard`) ||
PathPrefix(`/api`))
      kind: Rule
      services:
        - name: api@internal
      kind: TraefikService
```

Traefik Dashboard 如圖 7-10 所示。

圖 7-10

透過 Traefik Dashboard，我們可以非常直觀地看到系統當前的 Routes、Services 和 Middlewares 的情況。

2. Traefik 的關鍵概念

在 Kubernetes 中使用 Traefik，有 3 個需要我們了解的關鍵概念，分別是 Routes、Services、Middlewares。

Route 在 Traefik 中負責對流入的 Request 進行路由，啟動 Request 到能夠處理該 Request 的 Service，在啟動 Request 的同時，若在 Route 中定義了 Middleware，則 Route 會在啟動 Request 之前呼叫 Middleware。

常用的 Route 設定如表 7-7 所示。

表 7-7

規則	描述
Headers(`key`, `value`)	檢查 Header 中的 Key 是否包含 Value
HeadersRegexp(`key`, `regexp`)	檢查 Key 是否在 Header 中存在
Host(`example.com`, ...)	檢查請求的域名是否為指定的域名
HostHeader(`example.com`, ...)	檢查請求的域名中是否包含指定的 Header
HostRegexp(`example.com`, `{subdomain:[a-z]+}.example.com`, ...)	檢查請求的域名是否匹配指定的正規表示法
Method(`GET`, ...)	檢查請求的方式是否為指定的請求模式，如 GET、POST
Path(`/path`, `/articles/{cat:[a-z]+}/{id:[0-9]+}`, ...)	檢查請求的路徑是否為指定的路徑，可使用正規表示法
PathPrefix(`/products/`, `/articles/{cat:[a-z]+}/{id:[0-9]+}`)	檢查請求的路徑是否以指定的路徑開頭
Query(`foo=bar`, `bar=baz`)	檢查請求中是否帶有指定的參數

在創建 Traefik Dashboard 時，我們就使用了 Rule，設定請求的域名以 traefik.localhost 開頭，並且將請求路徑以 /dashboard 和 /api 開頭的請求轉發至 api@internal 服務。

```
- match: Host(`traefik.localhost`) && (PathPrefix(`/dashboard`) ||
PathPrefix(`/api`))
```

Service 的概念相對簡單，就是提供服務的後端程式。值得注意的是，在 Kubernetes 中，Traefik 的 Service 名稱建議都填寫為 Kubernetes 的 Service 名稱。

Middleware 是 Traefik 一個非常重要的功能，它為我們提供了干預 Request 的機會。常用的 Middleware 如表 7-8 所示。

表 7-8

名稱	描述
AddPrefix	為請求增加 Prefix
BasicAuth	為請求增加 HTTP Basic Auth
Buffering	為 request 和 response 增加快取
Chain	串聯多個 Middleware
CircuiteBeaker	為後端服務增加熔斷器
Compress	壓縮 response 的結果
Headers	增加或更新 request 的 Header
IPWhiteList	增加發起 request 的 IP 位址白名單

名稱	描述
RateLimit	為 request 增加限速器
ReplacePath	修改 request 的路徑
StripPrefix	修改 request 的路徑
Compress	壓縮 response 的結果
Headers	增加或更新 request 的 Header
IPWhiteList	增加發起 request 的 IP 位址白名單
RateLimit	為 request 增加限速器
ReplacePath	修改 request 的路徑
StripPrefix	修改 request 的路徑

❯ 7.3 小結

讓系統具備 AIOps 能力的方案多種多樣，但是還沒有一個標準化、形成共識的實作方案，在這麼多種實作方案中，透過 AI 平台賦能的實作方案是一種對運行維護系統侵入性較小、個性化較強、能夠對 AI 能力進行統一控管的實作方案。AI 平台的初次建設成本相比起其他方案來説較大，但是建成之後能夠讓 AI 能力的生產速度得到大幅度的提升，適合有長期 AI 能力建設規劃的團隊。

7.3 小結

Note

Note